国家电网公司
电力科技著作出版项目

TRANSFORMATION OF SCIENTIFIC
AND TECHNOLOGICAL ACHIEVEMENTS
AND INNOVATION OF TECHNICAL STANDARDS

科技成果转化与技术标准创新

吕运强　主编

中国电力出版社
CHINA ELECTRIC POWER PRESS

编　委　会

科技创新是提高社会生产力和综合国力的决定性因素，标准化是促进经济社会高质量发展的重要基础，两者相辅相成。随着新一轮科技革命和产业变革的加速演进，标准化向创新链前段延伸已成为新的发展趋势。2021 年 10 月，中共中央、国务院印发《国家标准化发展纲要》，对推进标准化与科技创新互动发展做出了工作部署。

创立科技成果转化为技术标准模式方法，是实现标准化与科技创新互动发展的重要任务之一。国际上，虽然对标准和标准化的研究已经长达几十年，但各国学者针对将科技成果转化为技术标准模式方法的有效研究成果尚不多见。在制度设计上，我国还存在着科技成果转化为技术标准机制不够健全、渠道不够畅通等问题。这在一定程度上影响了科技成果转化应用的效果，使得部分水平高、应用前景广阔的科技成果难以实现向现实生产力的大规模转移转化。本书通过对国家电网有限公司开展的科技成果转化为技术标准模式方法的探索性研究和实践成果进行总结，以期为我国深化标准化理论研究、推动标准化与科技创新互动发展提供借鉴和参考。

2017 年，我国设立"首批科技成果转化为技术标准试点"，旨在拓宽科技成果转化为技术标准的实施路径，探索建立科技成果转化为技术标准的工作模式。国家电网有限公司作为试点单位，承担其中"柔性输电领域"试点任务，依托该领域科技研发、标准研制、产业发展、工程建设的创新实践，对科技成果转化为技术标准的模式方法进行了深入研究。在此基础上，系统梳理了我国不同发展阶段关于促进科技成果转化应用政策以及同时期的标准化政策，深入调研分析了国内外科技成果转化为技术标准的研究现状，研究提出科研—标准—产业（工程）"三位一体"工作思路，构建了科技成果转化为技术标准的"全流程对接"工作模式。

"三位一体"和"全流程对接"是本书所述科技成果转化为技术标准模式方法的核心。本书采用系统化研究方法，将科技成果转化为技术标准的过程置于标准化工作全过程中去考量，使得标准化的前端延伸至科技研发环节，后端对接产业（工程），形成科研与标准前期对接、中期对接、后期对接的"全流程对接"工作模式，极大地丰富了标准化工作的内涵。本书系统介绍上述模式方法在统一潮流控制器和柔性直流输电两个技术方向上的应用实践，用案例分析论证其可行性，以期为科技成果转化为技术标准相关工作提供参考借鉴。

本书共分七章。

第一章简述科技与标准互动的关系，并对科技成果、技术标准、标准体系和科技成果转化涉及的相关术语、概念进行概述。

第二章介绍有关国际标准组织、区域组织、学术组织，以及部分国家开展科技成果转化为技术标准研究实践情况。

第三章提出了科技成果转化为技术标准创新方法，重点介绍了科研—标准—产业（工程）"三位一体"工作思路，以及所涉及的综合标准化和 PDCA 方法的基本原理。

第四章在"三位一体"工作思路指导下，构建了科技成果转化为技术标准"全流程对接"概念模型和流程框架，运用综合标准化和 PDCA 方法，通过科研—标准"全流程对接"活动，形成科技成果转化为技术标准"全流程对接"工作模式。

第五章和第六章分别以统一潮流控制器和柔性直流输电项目为例，介绍了科技成果转化为技术标准"三位一体"工作思路和"全流程对接"工作模式的典型应用实践。

第七章对全书进行了总结，对后续工作进行了展望。

在本书编写过程中，国家电网有限公司科技部等部门，以及国网智能电网研究院有限公司、国网江苏省电力有限公司、南瑞集团有限公司、国网经济技术研究院有限公司、中国电力科学研究院有限公司等单位提供了翔实的案例研究和应用数据资料，同时，还参考了相关的专著和文章，引用了其中部分理论和案例（后附参考文献），在此一并致谢。

受编者的标准化理论水平和实践经验所限，本书可能存在不妥之处，对此请读者批评指正。衷心希望各位读者提出宝贵意见，以便我们继续研究、不断完善。

编　者

2021 年 12 月

contents 目录

第一章

科技与标准互动关系及概念

　　科技创新的最终目的是实现其成果的转化应用，而将科技创新成果转化为技术标准是推动实现成果转化应用的一种重要方式。做好标准化工作，及时将科技成果转化为技术标准，可以加快科技成果向现实生产力的有效转化，进而产生经济效益和社会效益。科技成果转化为技术标准工作，涉及多个领域相关术语和概念。本章对科技创新与标准化互动发展的基本原理，以及基本概念进行概述。

第一节　科技与标准互动关系

　　科技创新是原创性科学研究和技术创新的总称，是创造和应用新知识、新技术、新工艺，采用新生产方式和经营管理模式，开发新产品、提供新服务、提高产品质量的过程。标准是科技创新成果的有效载体，同时也是开展新一轮科技创新的重要基础。因此，标准化与科技创新总体呈现出互动支撑的关系。在科学技术水平和社会化生产高度发达的今天，标准化与科技创新互动支撑、融合发展已成必然趋势，两者不可分割。

　　科技创新涉及政府、企业、科研院所、高等院校、国际组织、中介服务机构、社会公众等多个主体，包括人才、资金、科技基础、知识产权、制度建设、创新氛围等多个要素，是多主体、多要素交互作用下的一类"开放的复杂巨系统"。基于钱学森"开放的复杂巨系统"理论，科技创新体系可看成由以科学研究为先导的知识创新、以标准化为轴心的技术创新和以信息化为载体的现代科技引领的管理创新三大体系构成。三大体系相互渗透、互为支撑、互为动力，推动科学研究、技术研发、管理和制度创新不断发展，共同塑造了面向知识社会的创新形态。知识创新的核心是科学研究，新的思想观念和公理体系产生新的概念范畴和理论学说，为人类认识世界和改造世界提供新的世界观和方法论；技术创新的核心是发明和创造的价值实现，推动科学技术进步与应用创新的良性互动，提高社会生产力发展水平，促进社会经济增长；管理创新的核心内容是科技引领的管理变革，激发人们的创造性和积极性，促使所有社会资源合理配置，最终推动社会进步。本书所述科技创新的范围，更多聚焦于技术创新。"以标准化为轴心的技术创新"理念，为我们深入推进标准化与科技创新互动支撑、融合发展提供了理论依据。

从标准化视角看，科技创新可看作是标准发展的技术基础和动力源泉，是提升标准化水平的重要手段和有效途径。科技创新与标准化互动融合催生了理论知识再认识、技术水平再发展、标准质量再提升的知识体系再造过程。随着科技革命和产业变革步伐加快，标准化与科技创新的联系越来越紧密，越来越趋向同步，标准研制逐步嵌入科技活动的各个环节，为科技成果快速形成产业、进入市场提供重要支撑和保障。

从完整创新链视角看，科技创新成果只有进入应用环节，才能转化为推动经济社会发展的现实动力，实现科技创新的价值和使命。科技成果的载体形式有报告、论文、专利、软件和技术标准等，这些具体的形式对后续成果的应用有着较大影响。以报告、论文等为载体，虽然可以广泛获取，但在转化为实际生产力的过程中，还要进行测试、验证以及市场化开发。以专利、软件等为载体，在转化为实际生产力的过程中，有时会存在由于缺乏统一标准而导致难以规模化生产和应用的问题。而以技术标准为载体，可规避上述缺陷和问题，是实现科技成果转化为实际生产力的最佳选择。

从科技成果转化为技术标准的视角看，科技成果转化为技术标准是一种覆盖科研全过程的活动，也是一个受到产业发展和市场化需求牵引的转化过程。转化后的标准实施过程，也是对标准本身及其所承载的科技成果水平的检验过程，会反过来激发新的科技研发和标准研制需求，进而形成标准化与科技创新的良性互动循环。

技术标准之所以能够在一段时间内起到规范市场秩序、引领产业发展、促进科技进步的作用，很重要的原因就在于其承载了先进的科学技术，能够为未来技术发展提供框架指引。一项科技成果能够在更大范围、更深层次上发挥作用，一个重要因素是协商一致，即全产业链相关各方达成共识，从而促进贸易、交流以及技术合作。实现协商一致的关键就是标准化。

在科技成果向技术标准转化时，要根据产业化、市场化、国际化需求以及技术成熟度选择标准类型，进行标准布局。在具有产业化、市场化前景，处于标准化前沿和具有国际竞争优势的领域，可超前开展国际标准路线图研究；在具有基础性、公益性特征，需要在全国范围内统一技术要求的领域，积极布局国家标准、行业标准；在市场化程度较高、发展变化较快、创新活跃、应用前景广阔的技术领域，引导制定团体标准。企业可以根据需要自行制定企业标准，或者与其他企业联合制定企业标准。

当今世界正处在科技大发展、产业大变革时期。全球知识创造和技术创新步伐明显加快，科技创新与产业变革深度融合，科技创新从科学到技术再到市场的演进周期正在缩短，成果转化更加迅捷。与此同时，技术标准研制正在逐步嵌入科技活动的各个环节，渗透到现代科技发展的前沿，与科技创新同步，甚至引领科技创新方向。由于技术标准竞争关系到一个国家在全球市场竞争中的利益分配，因此，在某种意义上科技成果转化为技术标准正在潜移默化改变着世界竞争格局。

我国巨大的体制优势为科技成果转化为技术标准创造了良好的环境，助力我国完成了从不发达国家到发展中国家的跨越，其间所开展的大量科技创新和标准化工作，为研究科技成果转化为技术标准的模式方法积累了大量实践经验。基于我国创新实践所形成的模式方法，相对其他国家的模式方法而言，在我国具有更强的适用性。

第二节　科技与标准互动发展相关概念

本节对科技与标准互动发展所涉及的几个基本概念进行概述，主要包括科技成果、技术标准、标准体系和科技成果转化等。

一、科技成果

本部分主要介绍科技成果的定义、基本特征、形成机制和载体形式。

（一）定义及基本特征

科技成果是在科学技术活动中通过智力劳动所得出的具有实用价值的知识产品。科技成果按照其属性可以分为硬性成果、中性成果和软性成果；按照成果的规模可以分为大型成果、中型成果和小型成果。类似的划分方式还有很多。为了进一步聚焦，本书将所研究的科技成果界定为依托科技项目（群）攻关形成的科学成果和技术成果两部分，是指通过科学研究与技术开发所产生的具有实用价值的成果，具备先进、成熟和适用等特性，通过实际应用后可取得良好的经济、社会或生态环境效益。在本书所述范围内，暂不将软科学成果作为科技成果予以重点考虑。

（二）形成机制

科技成果存在产出周期长、技术门槛高、应用价值高、研发成本高和利益相关方多等特点。产出科技成果所依托的科技项目（群），从开始到结束将经历若干阶段，主要包含项目前期（项目规划和立项）、项目中期（项目实施和验收）和项目后期（后评估）三个关键阶段。其中，项目前期至项目中期，是科技成果的形成和完善阶段；项目后期，是科技成果的巩固阶段。

（1）项目前期阶段主要包括项目规划和立项两个环节。项目规划环节的目的是为项目的研发和管理工作制定合理的行动纲领，是项目立项、实施等阶段的主要依据。项目立项环节的目的是合法确定项目的立项、确定项目的进度计划以及验收标准等。

（2）项目中期阶段主要包括项目实施和验收两个环节。项目实施环节的目的是推动项目按照项目立项时制定的进度计划执行，分析导致项目偏差的原因，及时调整资源组织应对。项目验收环节的目的是专家审查确认项目正式结束或者终止。

（3）项目后期阶段即项目后评估阶段。该阶段的目的是在项目成果投入使用后的特定时刻，对项目成果进行系统、客观的评价，并以此确定目标是否达到，检验项目是否合理。项目后评估一般包括目标评估、过程评估、效益评估、影响评估、持续性评估等。

（三）载体形式

科技成果的载体形式多种多样。科技成果以论文/专著形式发布，是目前最重要的科技成果体现形式，为大众所熟知。但在转化为实际生产力方面，论文/专著大多存在缺乏实际应用经验、适用性可能无法验证等缺陷，难以达到像标准一样"协商一致"的程度。另外，科技成果以专利形式固化也是一种常见的科技成果转化方式，但其属于保护性传播，专利技术最终被市场接受并转化为大规模的生产力，仍然需要一个广泛协调的过程。

从历史发展的时间维度上看，不论是采用撰写论文/专著，还是建立专利制度，这些科技成果载体形式的起始时间都要早于标准化。但从规范产业发展、综合考量经济效益和社会效益的角度看，通过标准化手段推广科技成果具有独特的、无可比拟的优势，这个优势就是标准制定的"协商一致"原则。也就是说，在科技成果转化为标准的过程中，产业链相关各方实际上已就相关成果达成共识，一旦形成标准并发布实施，自然就可以在更大范围、更深层次上推广应用该成果，发挥最大效应。

二、技术标准

本部分主要介绍技术标准的定义、分类形式和形成机制。

（一）定义

标准是指通过标准化活动，按照规定的程序经协商一致制定，为各种活动或其结果提供规则、指南或特性，供共同使用和重复使用的文件。而技术标准是指为了在一定的范围内获得最佳秩序，经协商一致制定，为各种活动或其结果提供规则、指南或特性，供共同使用和重复使用的规范性技术文件。技术标准可看作是科技创新成果市场化、产业化的重要桥梁和纽带，是打通科技与经济结合通道的"最后一公里"。

（二）分类形式

标准的种类很多，根据不同的目的或原则可以划分为不同的类别。根据标准适用范围的不同，标准可分为国际标准、区域标准、国家标准、行业标准、地方标准、团体标准和企业标准。根据标准内容功能的不同，标准可分为术语标准、符号标准、分类标准、试验标准、接口标准、数据待定标准。根据标准化对象的不同类型，标准可分为产品标准、过程标准和服务标准。根据标准中技术内容的要求程度不同，标准可分为规范标准、规程标准和指南标准等。

（三）形成机制

标准的形成机制大体上可分为四种形式，分别为采用国际标准、英文（含其他语言）版互译、实践经验总结和自主研制。在本书所述范围内，暂不将采用国际标准、英文（含其他语言）版互译和实践经验总结的标准形成方式作为标准形成机制予以重点考虑。本书主要围绕自主研制标准形成机制，重点研究科技成果形成机制与自主研制标准形成机制的有效衔接和高效联动。

自主研制的标准形成方式，是指标准利益相关方自主开展科学研究和技术攻关，确定标准的主体技术参数、技术指标、推荐案例、试验方法等技术内容，经过实践检验有效后凝练形成标准，进而履行标准机构规定的相关程序后发布实施。自主研制标准的完整生命周期包括若干阶段，主要包括标准前期（标准规划、标准立项）、标准中期（标准编制）和标准后期（标准实施监督评价）三个关键阶段。

（1）标准前期阶段主要包括标准规划和立项两个环节。标准规划环节的目的是根据国家、地方、行业、企业的标准化发展战略和规划，以及市场化需求，明确年度技术标准立项原则和重点。标准立项环节的目的是合法确定标准的立项、确定标准的进度计划等。

（2）标准中期阶段即标准编制阶段。该阶段的目的是完成标准起草、征求意见、送审、报批等重点任务。

（3）标准后期阶段主要是指标准实施监督评价阶段。通过标准实施和实施监督评价，产品或者流程是否符合规定得以检验，同时还可及时发现标准中可能存在的问题，提出修订建议，提升标准的准确性和适用性，最终达到闭环管理的目标。

三、标准体系

本部分主要介绍标准体系的定义、基本特征和形成机制。

（一）定义及基本特征

标准体系是指一定范围内的标准按其内在联系形成的科学的有机整体。标准体系根据应用对象不同而差异较大。与实现一个国家标准化目的的有关标准，可以形成一个国家的标准体系；与实现某种产品标准化目的的有关标准，可以形成该种产品的标准体系。不论何种类型的标准体系，其基本组成单元都是标准。构建标准体系是运用系统论指导标准化工作的一种方法。将一个标准体系内的标准按一定的形式排列起来的表，就是标准体系表。制定标准体系表，有利于了解一个系统内标准的全貌，从而指导其标准化工作，提高标准化工作的科学性、全面性、系统性和预见性。

（二）形成机制

标准体系是标准的一种存在方式，或者说是一种高级的存在方式。也就是说，标准并不都是以标准体系的方式存在的，只有当它们具备一定条件时，才能称之为标准体系。这些条件中最为重要的，是构成系统的各要素之间必定存在某种紧密的内在联系，并由此构成一个具有特定目标和特定功能的、完整的有机整体。这是判断其是否具备系统属性最重要的条件。构建标准体系主要体现为编制标准体系结构图和标准明细表。标准体系表是一定范围内包含现有、应有和预计制定标准的蓝图，是一种标准体系模型。标准体系的构建方法主要有两种：传统标准化方法和综合标准化方法。

（1）传统标准化方法。传统标准化方法是相对于综合标准化方法而言的，它通常是指工业化时代开创的标准化方法。传统标准化方法就是将一些原本互不相关、未经整体协调、不具备特定功能的标准，分门别类地"摆"在一起。运用传统标准化方法所形成的标准体系，具有对于科学技术的时间因素不敏感、以标准数量增长为目标、较少关注实施、标准横向协同较少、表面规整等主要特征。

（2）综合标准化方法。综合标准化是指为了达到确定的目标，运用系统分析方法，建立标准综合体，并贯彻实施的标准化活动。标准综合体，是指综合标准化对象及其相关要素按其内在联系或功能要求，以整体效益最佳为目标形成的相关指标协调优化、相互配合的成套标准。采用综合标准化方法形成标准体系（或标准综合体）的主要过程，主要包括如下六个环节。

1）选择并确定综合标准化对象。并不是所有的标准体系都适合应用综合标准化方法。一般来说，相关要素较多、需要多方面协同配合的，技术经济意义重大的，技术成熟度高、标准可落地的标准化对象，适合采用综合标准化方法。

2）建立综合标准化协调机构。建立权威的组织机构，承担跨行业、跨部门、跨学科的标准化活动的组织、指挥和协调职能。

3）确定标准综合体目标。综合标准化是以解决问题为目的的标准化活动，对所选定的综合标准化对象，一定存在某种问题需要通过综合标准化方法得以解决。目标就是问题解决后希望达到的理想状态。

4）对综合标准化对象开展系统分析。运用系统分析方法对综合标准化对象进行深入、系统的分析。找到与所确定的目标相关的要素，确定综合标准化对象及其相关要素的范围，绘制综合标准化对象的相关要素图。

5）对标准综合体目标进行分解。将综合标准化的总目标分解为各相关要素的目标（分目标），形成一个以总目标为依据的、保证总目标实现的相关目标体系。

6）制定标准综合体。明确标准化对象的标准综合体，通常包括需要制定和修订的全部标准及其最佳目标值和相关的技术要求、必要的科研项目等。

四、科技成果转化

本部分主要介绍科技成果转化的定义、转化形式和推广应用方式。

（一）定义

《中华人民共和国促进科技成果转化法》中，科技成果转化是指为提高生产力水平而对科学研究与技术开发所产生的具有实用价值的科技成果所进行的后续试验、开发、应用、推广直至形成新产品、新工艺、新材料，发展新产业等的活动。科技成果转化为生产力将最大化实现其自身价值，也是实现科学研究最终目的的必要途径，对推动经济社会发展，提高人民生活水平，提升国家综合实力具有重要促进作用。由于科技成果成功应用后将产生巨大的经济和社会效益，因此全力促进重大科技成果及时、全面转化为生产力具有重要意义。

（二）科技成果的转化形式

科技是经济增长的"发动机"，是提高综合国力的主要驱动力。促进科技成果转化、加速科技成果产业化，已经成为世界各国科技政策制定的重点。按照不同的分类方式，科技成果转化有多种不同的形式。

（1）按照是否有科技成果转化中介机构参与划分。根据科技成果创造方是直接运营还是通过中介机构来运营科技成果转化事宜，可以将科技成果转化分为直接转化和间接转化两种方式，并且这两种方式也并非泾渭分明，经常是相互包含的。直接转化、间接转化的效果还会产生叠加和扩散效应。

（2）按照利益相关方的投资和利益分配模式划分。按照利益相关方在科技成果转化过程中对科技成果的投资和利益分配模式，可以分为自行转化和共同转化两种方式。科技成果转化活动应当尊重市场规律，发挥企业的主体作用，遵循自愿、互利、公平的原则，依照法律规定和合同约定，享有权益，承担风险。对于重点的科技成果转化项目，可以采用公开招标的方式实施转化。

（三）科技成果的推广应用方式

科技成果的推广应用可以分为直接应用和间接应用两种方式。当科技成果相关产业链条较短、科技成果体量和规模较小、科技成果研制主体与应用主体的重合度较高时，科技成果直接应用的情况较为多见。大部分科技成果是通过间接应用方式来服务生产和贸易的。科技成果的具体推广应用方式呈现多样化，如纳入国家及相关部门采购、获得新一轮研究开发资助、纳入产业技术指导目录、纳入新技术推广目录、建设示范工程、制作推广宣传片、举行科技成果洽谈会等。依托独有技术创立公司，在今天依然是一种较为普遍采用的方式。此外，国家还持续加强标准制定工作，对新技术、新工艺、新材料、新产品依法及时制定相关标准，以标准促进先进适用技术的推广和应用；同时，国家还鼓励积极参与国际标准化活动，推动相关技术、装备走向国际市场。

在科技成果转化和推广应用过程中，科技成果的研制和拥有方、转化中介机构、使用方等利益相关方，都较多侧重于科技成果的利益分配模式和科技成果转化活动的投资模式，比较关注科技成果的相关收益是否快速变现，而并未充分关注科技成果在转化应用过程中能否做到技术和经济的综合效益最佳。在科技成果转化过程中，兼顾转化速度、效率以及技术和经济综合效益，尤其是对于具有大规模应用场景和需求的科技成果而言，将科技成果转化为技术标准，往往是技术与经济综合效益最佳的科技成果转化应用路径选择。

对于规模和体量较大的科技成果，除了统筹谋划科技成果转化为具体技术标准之外，还需科学设计标准体系框架。部分成果甚至需要先行设计标准体系框架，在标准体系框架指引下布局具体的技术标准研制方向。

第二章

科技成果转化为技术标准研究实践

"他山之石，可以攻玉"。本章对有关国际标准组织/学术组织以及欧盟、美国、英国、德国、日本、中国等国已开展的推进科技成果转化为技术标准的探索实践进行分析。

第一节　国际标准组织典型实践

国际上，标准化组织的诞生源自科学技术的不断进步和产业化发展的实际需求。因此，在一定程度上，国际标准组织本身也是一个学术组织，其职能之一就是协调解决某领域范围内科技成果转化为技术标准过程中的相关问题，促进更多先进技术向标准转化进而得到广泛认可和应用，实现以标准便利经贸往来、规范产业发展、促进科技进步的目的。本节重点对国际上与电力相关的标准化组织和学术组织在促进科技成果转化为技术标准方面的工作情况进行介绍。

一、总体情况

为实现国家利益最大化，在经济社会发展过程中，国家与国家之间需要协调技术事项的需求越来越强烈，国际标准化活动也因此变得越来越重要。国际标准组织成立初期，所确立并发布的国际标准主要是对该领域成熟的科学技术和已有成果的总结和通用化。随着全球经济一体化推进，关税贸易壁垒取消，标准已逐渐成为发达国家垄断和控制国际市场、保护和发展本国市场的最有效手段。在某种程度上，国家之间的竞争就是标准话语权的竞争。

20 世纪 80 年代以后，随着标准化工作的开展，特别是高科技在全世界的迅猛发展，使得相互交叉的国际标准化问题越来越多，很难辨清这些问题是属于哪个国际标准组织。因此，国际电工委员会（IEC）、国际标准化组织（ISO）、国际电信联盟（ITU）之间的联合与合作开展活动的趋势越来越明显。三方合作主要通过世界标准合作论坛（WSC）开展。2007 年，在 WSC 框架下，WSC 同意采取联合行动进行协调，推动国际标准进入学术研究领域，促进学术界认识到国际标准的价值，以促进国际标准的使用，激励学术界积极参与三大国际标准组织内所有标准制定和相关活动。

二、国际电工委员会（IEC）

（一）基本情况

国际标准化活动是从电工领域开始的。1904 年 9 月，国际电气大会在美国召开，与会代表一致认为"应当采取措施保证世界技术团体的合作，通过建立一个有代表性的委员会来考虑电气设备和电动机械的词汇和额定值标准化的问题"。在这一理念推动下，1906 年 6 月国际电工委员会（IEC）正式成立，英国物理学家、数学家威廉·汤姆森当选为 IEC 首任主席。IEC 是世界上成立最早的一个国际标准化机构，是从事电工电子领域国际标准化活动的非政府组织，也是联合国甲级咨询机构，其宗旨是促进电工电子工程中标准化及相关问题的国际合作。

IEC 标准化工作成果即标准交付物有多种，主要有国际标准、技术规范、技术报告和公开规范等。IEC 标准，其成员国可以直接采用，也可以采纳为国内标准，这些都是自愿行为。21 世纪初，IEC 累计发布标准近 5100 项；截至 2021 年 9 月，IEC 标准超过 17000 项。

我国于 1957 年参加 IEC，2011 年成为常任理事国。截至 2020 年底，IEC 共设立 210 个技术委员会/分技术委员会，我国承担了其中 11 个技术委员会/分技术委员会秘书处工作，担任 8 个技术委员会/分技术委员会主席职务。中国电力专家舒印彪当选 IEC 第 36 任主席。

（二）科技成果转化为技术标准的实践

IEC 的发展史，从某种程度上就是促进国际电工电子领域科技创新成果转化为技术标准的历史。作为电工电子领域的国际性学术组织，IEC 的主要职能之一就是协调解决电工电子领域的科学技术成果向标准转化的相关问题，综合确立、研究、制定、发布、实施该领域内的国际标准。

成立初期，IEC 的标准化活动总体上处于经验总结、技术总结通用化、技术协调阶段。1913 年，IEC 成立了首批 4 个技术委员会（TC），包括名词术语（TC 1）、电机（TC 2）、图形符号（TC 3）和水轮机（TC 4）；1914 年发布了第一项推荐标准，其内容涉及标准化概念、名词术语、图形符号、试验方法、安全等电工标准化基本问题。此后，IEC 发布了一份包括电动机械和电气设备在内的术语和定义一览表，一份国际量值用文字符号和单位名称符号一览表，一项铜电阻国际标准，一份与水轮机有关的术语定义一览表，以及一些有关旋转机械和变压器的定义和建议书。IEC 于 1938 年出版了世界上第一本国际电工词汇（IEV），解决了早期国际电工词汇的统一性问题。

随着自主创新技术的规模越来越大，国际标准与自主创新技术的融合以及与专利技术的融合越来越深入。1950—1959 年，许多 IEC 技术委员会（TC）的工作范围得到了迅速扩展，同时拥有了更多的技术专家。进入 20 世纪 60 年代，IEC 的发展更加迅速。电子电气产品市场的迅速拓展以及用户对其产品安全性能需求的不断提高，极大地促进了与家用电器相关的新技术委员会的诞生，如 TC 64（建筑物电气装置）、TC 61（家用电器和类似用途电器的安全）等。20 世纪 70 年代，由于当时所开发的技术基本上已经被已有 TC

工作范围所覆盖，因此仅组建了几个新的 TC（涉及电动道路车辆、激光设备、电磁兼容等），并且根据需要成立了部分分技术委员会（SC）。20 世纪 80 年代，TC 82（太阳光伏能源系统）、TC 86（纤维光学）、TC 90（超导）相继成立，充分反映了当时电子技术应用突飞猛进的现状。

透过从技术创新、产品上市到服务这一循环不断加快的现实，IEC 意识到作为一个国际标准化组织必须把标准化工作和新技术的开发共同向前推进，甚至在许多时候，标准化工作要领先于新技术的市场化应用。依据这一观点，1998 年 IEC 成立 TC 105（燃料电池技术），超前布局燃料电池国际标准化工作。2000 年至今，IEC 一直都在瞄准高新技术的开发，不断拓展新的工作领域。

IEC 标准与自主创新技术尤其是专利技术的融合呈现逐渐强化的趋势。IEC 最早涉及专利的标准出现在 1967 年。2000 年制定的 IEC 标准中涉及专利的标准为 1 项（累计 22 项），涉及专利数 1 项（累计 27 项）；2010 年标准达到 54 项（累计 305 项），涉及专利数 71 项（累计 452 项）；2020 年标准达到 23 项（累计 579 项），涉及专利数 31 项（累计 932 项）。截至 2021 年 9 月，IEC 制定的 17016 项标准中，涉及专利的标准共有 590 项，占标准总数的 3.47%，共涉及专利 946 项。

从 20 世纪末至今，IEC 共发布了 4 个标准化发展战略性文件，不断从顶层设计上强化科技创新与标准化的联动和交互。2000 年，IEC 发布《2000 总体规划》。2005 年 6 月，IEC 理事会通过了 IEC/SMB《2005—2007 标准化战略》，确定了八大战略目标，提出了"保证制定与市场相结合的 IEC 标准"和"促进 IEC 标准的全球共识"等相关措施。2006 年，IEC 发布《IEC 发展纲要（2006）》，指出 IEC 的战略目标为"IEC 标准和合格评定程序——打开国际市场的金钥匙"。2011 年 10 月，IEC 发布了《IEC 发展纲要（2011）》，提出了 IEC 发展的六个方面的具体任务，分别为强化其市场价值、强化新技术方法的应用、强化全球协调合作、强化管理结构的科学性、强化专家和领导人的素质、强化业务模式的可持续性。其中，涉及标准与创新技术直接相关的具体任务为"强化其市场价值"和"强化新技术方法的应用"。

在"强化其市场价值"任务中，IEC 指出为了尽早寻求在新兴市场中的主导地位，必须准确识别可能通过使用 IEC 国际标准化平台而获益的新兴市场，具体行动包括：加强市场战略布局对新兴技术市场前景的观察职能；针对关键新兴市场举办全球性论坛和研讨会，识别技术问题和需求；开发试行机制或项目，对系统方法或标准化架构做出示范；直接与产业联盟开展合作，使产业联盟将 IEC 作为其技术规范转化为国际标准的最有效平台。

在"强化新技术方法的应用"任务中，IEC 指出将通过其成员国家委员会和管理局下设的特别工作组加强其技术和市场观察职能，从而更好地预判市场需求。由于现有的标准制定方法是针对某项产品或技术，具有一定的局限性，尤其是对于智能电网、电动汽车等覆盖技术范围较广的领域，因此 IEC 提出要用系统方法统筹解决这些领域的标准化需求，将这些领域作为整体来考虑，实质性推广运用系统方法，在适当领域开展标准化与合格评定活动，促进单个产品的合格评定与系统层面的合格评定的有机统一。

三、国际标准化组织（ISO）

（一）基本情况

第一次世界大战后，人们深感标准在国际范围内协调的必要性，工业发达国家相继建立了国家标准化机构。1921 年，英、美等国的秘书联席会议达成了定期交换标准情况的协议。1926 年，在纽约会议上决定成立国家标准化协会国际联合会（ISA）。1928 年，ISA 成立大会召开，20 个国家参与。第二次世界大战爆发后，国际标准化活动受到严重影响，ISA 于 1942 年解体。此前，ISA 共发布了 32 个公报，均属于机械制造方面的标准。第二次世界大战结束后，

1946 年，来自 25 个国家的代表集结在伦敦的土木工程师研究所，决定建立一个新的以"促进国际工业标准的协调一致"为目标的国际机构。1947 年，国际标准化组织（ISO）正式成立。螺纹标准化技术委员会（ISO/TC 1）则是 ISO 成立的第一个技术委员会。

我国是 ISO 创始国之一，2008 年成为 ISO 常任理事国。截至 2020 年底，我国承担了 66 个 ISO 技术机构秘书处工作，位列各成员体第六名，排名前五的国家分别是德国（135 个）、美国（103 个）、法国（81 个）、日本（78 个）、英国（77 个）；中国承担了 215 个工作组召集人，位列各成员体第五名，排在美国（427 个）、德国（384 个）、日本（227 个）、英国（226 个）之后。2013 年，中国专家张晓刚当选 ISO 主席。

ISO 的交付物形式主要包括 ISO 标准、技术规范、技术报告、公共规范、国际研讨会议协议（IWA）和 ISO 指南。从标准化的角度，它们的标准效力按照排序依次降低。21 世纪初，ISO 已经发布国际标准近 11900 项；截至 2021 年 9 月，ISO 发布标准超过 24000 项。

（二）科技成果转化为技术标准的实践

对于 ISO 的发展史，在某种程度上同样也可看成是促进科技成果转化为技术标准的历史。

1947 年 4 月，ISO 在巴黎召开的会议产生了一份 67 个 TC 的推荐名单，其中 2/3 是基于之前的 ISA 技术委员会。20 世纪 50 年代初，ISO 通过 TC 制定标准，开始了所谓"推荐性标准"的时代。1952 年发布了首批 2 项推荐标准（ISO/R），一项是温度标准，另一项是纺织标准。第二次世界大战后，国际标准化的最初观念是将各国已经成熟的国家标准提升为国际标准，然后将其在国际范围内进行推广。因此，ISO"推荐性标准"的影响范围仅局限于已存在的国家标准。

20 世纪 50 年代到 60 年代，来自第三世界的新成员成为 ISO

新增成员的主流。ISO 制定的国际标准对发展中国家而言具有重要的意义。因为 ISO 标准表现为汇集产品、绩效、质量、安全和一般技术要求的知识库，所以能够为国际贸易和技术转移的相关系列问题提供切实可行的解决方案。

20 世纪 60 年代中期，国际标准已经由意愿上升到需求的层次，这个需求的来源包括跨国公司、发展中国家的标准机构和政府监管当局。ISO 的工作重心由各国"推荐性标准"向实际意义上的国际标准转移，为 20 世纪 70 年代 ISO 标准的增长奠定了基础。1971年，ISO 技术活动成果可作为国际标准进行出版的决定，进一步强调了这个重心的转移。

ISO 最早涉及专利的标准出现在 1980 年。2000 年，ISO 标准中涉及专利的标准为 22 项（累计 75 项），涉及专利数 89 项（累计 1169项）；2010 年标准达到 27 项（累计 290 项），涉及专利数 90 项（累计 2484 项）；2020 年标准达到 27 项（累计 493 项），涉及专利数 72项（累计 3113 项）。截至 2021 年 9 月，ISO 共发布标准及标准类文件 24049 项，涉及专利的标准共有 525 项，占标准总数的 2.18%，共涉及专利 7291 项。总体上看，标准与自主创新技术尤其是专利技术的融合同样呈现逐渐强化的趋势。

ISO 至今共发布了 5 个标准化发展战略性文件。从推进科技创新与标准化互动支撑的角度看，5 个文件体现出的力度呈现明显的逐渐增大的趋势。

2001 年 9 月，ISO 发布《ISO 标准化发展战略（2002—2004）》，指出在 2002—2004 年的主要战略是：加强 ISO 的市场相关性，加强 ISO 的国际影响和机构的认可，宣传 ISO 系统及其标准，优化资源利用，支援发展中国家的标准化团体。

2004 年 9 月，ISO 通过了《ISO 战略规划（2005—2010）》。此战略的总目标为"一个标准，一次检验，一个合格评定程序，全球接受"；分目标为技术和良好惯例全球共享，全球贸易便利化，质量、安全、保障、环境和消费者保护得到改善，以及自然资源的合理利用。

2010 年 9 月，ISO 通过了《ISO 战略规划（2011—2015）》，确定了 2015 年的全球愿景、ISO 的使命、愿景实现的 7 大关键目标。其中涉及标准与创新技术的目标为"ISO 标准促进创新并提供解决方案应对全球挑战"，其内容为"ISO 标准包含了与利益方相关的最新知识，并被广泛地用于应对 21 世纪的全球挑战"，具体行动包括：①通过识别、优先考虑和制定那些预见并满足市场和社会需求的国际标准，从而强化 ISO 应对全球挑战的能力；②提供并推广国际标准作为支持各部门和跨国界的技术变更、流程改进和技术转让的工具；③积极形成标准和研发之间的联系，以便通过利用 ISO 成员网络促进创新；④推动国际标准发挥引擎作用，为市场带来创新，方便新市场的开发，提高客户的理解和信任。

2015 年 9 月，ISO 通过了《ISO 战略规划（2016—2020）》，指出 ISO 发展面临的技术、经济、环境、社会和政治等方面的机遇，明确 2020 年"ISO 标准无处不在""通过 ISO 全球成员制定高质量标准"等方面的战略目标。在发展机遇的技术方面，围绕智能机器人、物联网、虚拟现实、生命科学等领域，科研人员的创新潜力可得到更大发挥，ISO 应进一步加强与科研院所的合作。同时由于技术传播速度加快，对信息交流技术的重视程度将进一步提升。鉴于标准化在支持技术普及、缩短创新周期、提升技术的有效性和可持续性方面的重要作用，ISO 对现有的方法及程序进行了改进。在"通过 ISO 全球成员制定高质量标准"的战略目标方面，ISO 对行业监管部门、消费者和利益相关方的需求开展广泛、深入的调研，保持与学术团体和研究机构的沟通互联，确保制定出的标准和创新密切相关。

2021 年 2 月，ISO 发布《ISO 战略 2030》，以 2030 年为时间节点，制定了包括愿景、使命、目标、优先事项在内的战略框架，强调发挥标准化在可持续发展中的关键作用，确保 ISO 持续繁荣发展。ISO 认为经济、技术、社会和环境是未来十年变化的四大驱动因素，需要对其重点关注。ISO 的三大发展目标为"ISO 标准无处不在""满足全球需求""倾听所有声音"。为实现战略目标，ISO 明确了"创新以满足用户需求""随时为市场需求提供 ISO 标准""把握国际标准化的未来机遇"等六大优先事项。《ISO 战略 2030》将实施近 10 年，是以往战略时长的两倍，旨在以长远规划解决短期难以解决的问题。

四、国际电信联盟（ITU）

（一）基本情况

国际电信联盟（ITU）是联合国负责国际电信和信息通信技术（ICT）事务的专门机构，是政府间的国际组织。目前 ITU 有 193 个成员国，约 900 个部门成员、部门准成员、学术成员。总部设在瑞士日内瓦。ITU 分配全球的无线电频谱和卫星轨道资源，制定技术和业务标准，促进网络互联互通，分享监管和发展的成功经验，促进可持续增长和普遍服务，缩小数字鸿沟。21 世纪初，ITU 已经发布国际标准近 8200 项；截至 2021 年 9 月，ITU 标准超过 14000 项。

全体代表大会是 ITU 的最高权力机构，主要职责是制定政策，实现 ITU 的宗旨。无线电通信部门（ITU-R）管理国际无线电频谱和卫星轨道资源；制定和实施《无线电规则》和相关区域性协议；通过开展有关无线电的标准化工作，制定旨在确保无线电通信系统操作性能和质量的建议书。电信标准化部门（ITU-T）是各国政府和私营部门就如何制定全球 ICT 网络、基础设施和业务所采用的国际标准进行合作和协调的平台；制定技术和业务标准，提高互操作性，促进网络互联互通。电信发展部门（ITU-D）营造有利于发展的环境，推动电信与 ICT 领域的合作与发展，加强发展中国家能力建设，分享监管和发展的成功经验，增强数字包容性，促进可持续增长和普遍服务。2014 年，中国专家赵厚麟当选 ITU 秘书长。

（二）科技成果转化为技术标准的实践

ITU 的发展史，在某种程度上也就是世界范围内促进电信领域科技创新成果向技术标准转化的历史，ITU 的科技成果转化发展轨迹与 IEC、ISO 基本一致。

1865 年，德、法、俄、意、奥等 20 个国家的代表在巴黎签署《国际电报公约》，ITU 的前身——国际电报联盟宣告成立。随着 1876 年贝尔获得电话专利及其后电话业务的发展，国际电报联盟在 1885 年开始起草管理电话的国际法规。1894 年马可尼开发出一个发送和接收无线电信号的实际方法，在柏林演示并申请了专利。1903 年，由于无线电通信以及这种新技术在水上和其他通信领域的应用，国际电报联盟开始研究国际无线电报通信规则问题。德、英、法、美、日等 27 个国家的代表于 1906 年在柏林签署了第一个《国际无线电报公约》，于 1927 年建立国际无线电咨询委员会（CCIR）。CCIR 负责技术研究、测试和各种电信领域进行的测量的协调以及起草国际标准。1932 年，国际电报联盟决定将 1865 年的《国际电报公约》和 1906 年的《国际无线电报公约》合并，制定《国际电信公约》，并于 1934 年 1 月 1 日将联盟正式变更为国际电信联盟（ITU）。1947 年 ITU 与新成立的联合国签订协定，正式成为联合国的专门机构。

同 IEC、ISO 一样，随着自主创新技术规模越来越大，ITU 标准与专利技术的融合越来越多。ITU 最早涉及专利的标准出现在 1983 年。2000 年制定的 ITU 标准中涉及专利的标准为 36 项（累计 154 项），涉及专利数 84 项（累计 1205 项）；2010 年标准达到 43 项（累计 360 项），涉及专利数 133 项（累计 2468 项）；2020 年标准达到 46 项（累计 622 项），涉及专利数 467 项（累计 6962 项）。截至 2021 年 9 月，ITU 制定的 14376 项标准中，涉及专利的标准共有 634 项，占标准总数的 4.41%，共涉及专利 7291 项。

面对信息和通信技术的快速发展、国家和国际的政策以及各种利益相关方的不同需求，ITU 将其发展愿景定位为努力捍卫每个人与世界相连并交流的基本权力。ITU 需要一个有效的战略性计划，从而更密切地应对其会员不断变化的需求。ITU 的标准化战略措施，更多体现在宣传、教育和培训、推广合作等方面。ITU 不断积极推进旨在传递信息和专业知识的讲习班项目。ITU 从 20 世纪末至今发布了 5 个标准化发展战略性文件，不断强化创新与标准的联动和交互。

自 1994 年在京都全权代表大会上通过 ITU 历史上第一个战略规划以来，面对不断变化的全球电信市场和自身发展的需求，ITU 不断完善和调整其战略规划，以应对新的挑战。2002 年，ITU 发布历史上第二个战略规划《ITU 战略发展规划（2004—2007）》。2011年，ITU 发布《ITU 战略发展规划（2012—2015）》，制定了 ITU 各部门的战略定位和目标、使命以及各部门的具体目标，其中 ITU-T 的使命是在开放基础上制定可互用的、非歧视性的且以需求为导向的国际标准。

2014 年，ITU 对《ITU 战略发展规划（2012—2015）》进行了修订，形成了《ITU 战略规划（2016—2019）》。涉及技术创新与标准的是第 4 项目标"创新：强化创新生态系统并适应不断变化的电信/ICT 环境"。ITU 针对快速变化的环境确定的总体目标是"推动建设足以激发创新的环境"，使新技术的进步和战略伙伴关系成为2015 年以后发展的主要驱动力。

2018 年，ITU 对《ITU 战略规划（2016—2019）》进行修订后，发布《ITU 战略规划（2020—2023）》，设立增长、包容性、可持续性、创新、伙伴关系 5 项总体目标，涉及技术创新与标准的第 4 项目标调整为"创新：强化电信/ICT 环境的创新适应数字化社会转型"。ITU 力求为发展有利于创新的环境做出贡献，新技术的进步成为执行信息社会世界首脑会议（WSIS）行动方针和 2030 年可持续发展的关键驱动力。

五、与电力相关的学术组织

国际上，以电气电子工程师学会（IEEE）为代表的电力行业相关学会、协会组织，大都积极参与标准化活动，并在其专业领域中发挥着事实性国际标准的重要作用，将技术标准作为其开展学术研究和进行市场运作的重要工具。

（一）电气电子工程师学会（IEEE）

电气电子工程师学会（IEEE）成立于 1963 年，其前身是成立于 1884 年的美国电气工程师协会（AIEE）和成立于 1912 年的无线电工程师协会（IRE）。IEEE 是世界上最大的技术协会，目前已经在电力、能源、信息技术和通信等多个领域深入开展了 IEEE 标准制定工作，其中包括在计算机通信技术领域著名的 IEEE 802 局域网系列标准。

IEEE 标准协会（IEEE Standards Association，IEEE-SA）隶属于 IEEE，其通过开放的流程，采用独特的无国界标准化模式，制定市场推动和行业普遍认可的 IEEE 标准。IEEE 标准协会鼓励各国采用 IEEE 标准成为其国家标准。IEEE 标准涉及的领域非常广泛，包括但并不限于以下范围：①适用于 IEEE 范围内任何科学或技术领域的术语、定义或符号列表。②关于 IEEE 范围内与工艺、科学或技术有关的任何设备、仪器、系统或现象的参数或性能的测量或测试科学方法的说明。③涉及与具有工程安装功能的设备、仪器和系统相关的特征、性能和安全要求。④在 IEEE 范围内任何技术领域的工程原则应用中，反映当前工艺状态的标准。

IEEE 的标准文件包括标准、推荐指南、导则和试用文件四类。IEEE 标准的制定过程严格遵循 IEEE 标准协会的五大指导性原则，即过程控制、公开透明、协商一致、平衡和可申诉。这五大指导性原则用来确保市场关联度的全球性和及时性、技术的完善性和先进性等。随着技术的不断进步，IEEE 每年都利用新的期刊、会议和标准等对新兴领域进行介绍，例如智能电网、可再生能源、纳米材料以及其他新兴领域。

除了参与标准制修订活动，IEEE 标准协会还提供以下服务：①一致性测试和认证服务：致力于帮助行业和团体制定严格的评估程序，以验证和证明产品和服务是否符合 IEEE 标准。②联盟管理服务：IEEE 成立了 IEEE 产业标准和技术组织（IEEE Industry Standards and Technology Organization，IEEE-ISTO）。该组织隶属于 IEEE 标准协会，主要致力于帮助联营体、技术联盟以及有特殊需求的其他团体组织快速制定相关规则，并协助它们参与有关标准市场渗透等其他活动。

（二）国际大电网会议（CIGRE）

国际大电网会议成立于 1921 年，是电力系统、电力设备制造和大电网运行方面的国际性学术组织，其宗旨是促进国际间发电、高压输电和大电网方面科技知识与情报的交流，主要包括发电厂电气部分；变电站、变电设备及其建设与运行；高压线路的结构、绝缘与运行；系统互联及互联系统的运行和保护等。CIGRE 下设 SC11 旋转电机、SC12 变压器、SC38 电力系统分析等 15 个学术委员会，B4 高压直流输电和电力电子、C2 电力系统运行和控制、D2 信息系统和通信等 16 个专业委员会。我国于 1986 年参加国际大电网会议，并成立了中国国家委员会。任何市场反馈的新技术需求都会自动触发成立一个新的工作组，该工作组分析当前的最新技术，制定技术手册，这类技术手册往往最终将成为一项新标准（通常由 IEC 制定）。

第二节　国际区域组织和发达国家的典型实践

如何高效推进科技成果的转化应用，是世界各国（地区）普遍关心的问题。充分发挥技术标准在成果转化中的桥梁和纽带作用，利用技术标准促进创新成果在更大范围内的推广应用，已在世界范围内达成共识。各主要国家（地区）在制定和实施标准化战略时，都将科技创新与标准化融合发展作为重要内容。本节对欧盟以及美、英、德、日等国家的主要做法进行介绍。

一、欧盟

（一）基本情况

1967 年，欧洲共同体（简称欧共体）成立。1993 年，欧共体扩大为欧洲经济政治联盟；同年 11 月 1 日，欧共体正式更名为欧盟。

通常所说的欧盟标准是指欧盟层面上的欧洲标准。但从欧盟内部标准体系来看，欧盟标准由欧洲标准、国家标准和企业标准组成。欧洲标准由欧盟标准化机构管理；各国的国家标准由各国的国家标准化机构自行管理，但受欧盟标准化方针政策和战略所约束；各企业的企业标准由欧盟成员国国内各企业按照市场规律自行管理。欧洲标准主要由三大标准化机构管理，即欧洲标准化委员会（CEN）、欧洲电工标准化委员会（CENELEC）和欧洲电信标准化学会（ETSI），分别与三大国际标准化机构（ISO、IEC 和 ITU）相对应。CEN 与 CENELEC、ETSI 是相互支持、互为补充的独立机构。CENELEC 负责电工电子领域标准化工作，ETSI 负责通信技术与工程领域标准化工作，其他领域的标准化工作则由 CEN 承担。欧洲标准代号为 EN。

CEN 发布的文件形式主要有欧洲标准（EN）、协调文件（HR）、技术规范（CEN/TS）、技术报告（CEN/TR）、工作协议（CWA）、工作导则（CEN Guide），以及将来可能会成为技术规范的欧洲暂行标准（ENV）和通常成为技术报告的 CEN 报告（CEN/CR）等。

（二）科技成果向标准转化相关举措

欧盟是最早意识到技术性贸易壁垒问题和最早实施标准化战略的经济体。自 20 世纪 80 年代以来，欧盟就开始通过标准化活动来支撑构建欧洲单一经济市场。尽管欧盟成员国都有各自的国家标准化战略，但欧盟的区域标准化战略并不是各成员国国家标准化战略的简单相加。欧盟最早于 1985 年开始研究标准化战略，基本每 10 年就发布一版，均在不同程度上强调科技创新与标准化的融合推进。

1998 年 10 月，CEN 和 CENELEC 相继发布了各自的《2010 年标准化战略》。促进标准化与科技创新同步发展是 CEN 和 CENELEC 的共同目标，CEN 和 CENELEC 共同研究了促进标准化与科技创新同步的集成方法，开发了 CEN- CENELEC 科研服务平台，制定了《连接科研与标准化将标准整合到科研项目中：科研项目申请人的袖珍指南》，为科研人员将标准化活动引入其科研活动的过程提供引导和专业服务。不论是项目申请人需要一个标准化合作伙伴，还是科研项目有一揽子标准化工作需求，或相关标准已经在制修订中而项目申请人想参与制定或研讨，CEN-CENELEC 科研服务平台都会提供相应的量身定制的专业服务。

2013 年，CEN、CENELEC、ETSI 共同制定了《欧洲标准化战略 2020》[*European Standardization Strategy 2020*，*ESS*（*2020*）]，提出了 2020 年前欧洲标准化的"预测市场、社会和环境未来发展趋势，识别可能出现的机会、创新或交叉技术，并从早期关联标准化中获益"等七项战略目标，并联合实施"欧洲标准将成为激励创新、推动市场接受创新解决方案的有力工具""欧洲标准制定者将成为研发机构的合作伙伴，标准制定中及时采纳最新的研究成果"等若干具体举措，持续鼓励并推进科技创新技术与标准化的有效关联，及时将创新技术标准化，以有效应对来自新技术和新领域的挑战。

2016 年 10 月，欧盟委员会联合研究中心（JRC）与 CEN、CENELEC 签署了新的合作协议，进一步加强科学研究和欧洲标准化之间的知识交流。通过该协议，JRC 将在其专业领域为欧洲和国际标准化提供科学投入，CEN 和 CENELEC 将为制定与欧洲标准化相关的政策提供科技投入方面的支持。

2019 年 5 月，CEN 和 CENELEC 联合发布了"标准建立信任"

宣言，明确了协调单一市场、建立对新技术的信任、推动欧洲创新、形成具有竞争力的欧洲产业并有望引领国际贸易、支撑可持续发展目标五大行动重点，指出了标准与科技创新丰富的互动关系——信任。

2020 年 11 月，CEN、CENELEC 通过德国、奥地利等欧盟成员支持的一项研究工作表明：研究/技术开发/创新人员和标准政策的开发人员和用户应该更加紧密地相互协作，不仅在欧洲，而且在国家一级，都需要在创新政策/战略和方案设计中更好地整合标准和实施标准化。

2021 年 2 月，CEN 和 CENELEC 对 *ESS*（2020）进行修订，共同发布《欧洲标准化战略 2030》[*European Standardization Strategy 2030*，*ESS*（2030）]。*ESS*（2030）的总体战略目标是让 CEN 和 CENELEC 在快速变化的世界中重新思考和优化为客户和利益相关方创造价值的方式。相比于 *ESS*（2020），*ESS*（2030）对科技与标准的互动模式建议进一步强化，如将"创新者可以为标准提供新创意"调整为"扩大机器可读、可解释格式和其他数字产品的生产（以及将其他文件转化成机器可读、可解释模式）"；将"标准制定中及时采纳最新的研究成果"调整为"可以系统地确定网络、数字和信息技术领域新兴的标准化需求"；将"标准工作流程、组织架构和最终成果会根据不断变化的技术需求做出相应的调整，缩短投入市场所需时间，确保相关部门间的合作交流和引进新技术"调整为"转换标准制定流程，为标准编写提供高效、无缝和用户友好的数字环境；建立一个协作平台，以改善信息获取并加强协作工作；引入现代业务实践和信息通信技术工具；引入跨行业、以项目为驱动的标准生产方法"等。

二、美国

（一）基本情况

19 世纪中、后期，美国成立了多个行业性学协会组织，并开始制定标准，如 1881 年成立的美国机械工程师协会（ASME）、1898 年成立的美国材料与试验协会（ASTM）等。1918 年 10 月，成立美国工程标准委员会（AESC），历经几次更名，1969 年 10 月，改为现用名——美国国家标准学会（the American National Standards Institute，ANSI）。ANSI 是非营利性民间标准化团体，是美国自愿性标准体系的协调中心，也是美国政府认可的批准和发布国家标准的唯一机构。

美国实行以私营领域为主、政府干预与民间标准优先的标准化体制，与美国自由的整体社会体制和完全市场化经济体制相适应，基于公众和企业强烈的标准化意识开展工作。美国政府对标准制定的控制相对较弱，企业或任何一个组织（包括政府机构）都可以提出制定标准的需求，都可以自己投资编制其认为有市场需求的技术标准。同一类产品可能有多个技术要求或水平层次不一的标准，用户可自愿采用。美国市场机制下的标准化以效益为宗旨，制定或贯彻标准都是为了在标准化体系运行中谋求更大的经济效益。现行的美国标准体系是自愿、开放的，参与广泛，同时非常分散、可能有重复。美国标准体系由三部分组成：以 ANSI 为协调中心的国家标准体系、联邦政府标准体系和专业团体的专业标准体系，具体又分为国家标准、政府标准、联盟标准、企业标准四类。

（二）科技成果向标准转化相关举措

美国建立科技成果向技术标准转化机制的核心可归纳为两个融合，即技术创新主体与标准制定主体相融合，技术创新动力与标准制定动力相融合。主要体现为：

（1）建立完善发达的市场经济体制。通过不断创新满足消费者需求、降低成本，这也是发达国家市场竞争的主要模式。他们充分发挥这种市场机制的作用，快速实现科技成果的标准化，将科技创新与标准化工作紧密结合并建立互相协作体系，实现科技成果转化为技术标准、开拓市场的目标。

（2）美国注重增强企业、行业协会与标准化技术委员会之间的协调与合作，突出企业在技术标准制定中的主体作用。美国各大公司，特别是跨国公司，是国际标准制定的积极推动者。企业在技术创新与标准制定过程中的主体地位与发达国家政府的职能定位相辅相成。

在欧洲标准化战略的压力下，美国加强了标准化战略研究和总体部署。2000 年，ANSI 批准并发布《国家标准战略》（*National Standards Strategy*，*NSS*），这是美国标准化进程中的第一个宣言性的纲领文件。2005 年 12 月，ANSI 对 *NSS* 进行修订，并更名为《美国标准战略》（*United States Standards Strategy*，*USSS*），以突出强调标准日趋强烈的无国界特征。作为 2000 年 *NSS* 的修订版本，*USSS* 进一步强化了公开、透明、公正等基本原则，同时对一些领域进行了侧重，并且"鼓励标准发展论坛开展合作以满足关于开发聚合技术标准的需要"。此后，根据国情的变化，为了保持标准化战略的与时俱进，美国分别于 2010、2015、2020 年对 *USSS* 进行修订。2010 年 12 月，ANSI 第二次修订并发布 *USSS*（*2010*）。这一版本保持了 *USSS*（*2005*）的基本框架和主要内容，主要围绕标准化战略新兴产业的特点，从以下三个方面做了调整：①特别强调了标准对美国创新和竞争力的作用，而把标准化对于发展国际贸易的作用放在了相对次要的地位；②提出将智能电网、医疗保健、能源效率、纳米技术、信息和网络安全等领域作为标准化优先发展领域；③强调了政府在标准化活动中的协调作用。2015 年 12 月，ANSI 第三次修订并正式发布 *USSS*（*2015*）。新版标准化战略在内容上进行了更新，以反映当时美国在智慧城市、物联网、网络安全、向服务型经济转变等优先发展领域和行业创新技术的新变化。新版标准化战略进一步强调了美国标准制定以及参与国际标准制定应遵循的原则和策略。2020 年 ANSI 对 *USSS* 进行第四次修订，并于 2021 年 1 月正式发布 *USSS*（*2020*），该战略认为"标准在如今比在美国历史上的任何时刻都重要"。美国的标准化战略立足于国家和全球两个层面，以市场为导向，非常重视科技进步对标准的影响。ANSI 预计 2025 年对 *USSS*（*2020*）再次修订。

除此之外，美国政府对科技创新所起的作用还体现在对研发的投入、战略决策和标准化人才培养方面，将国家科研机构的科研人员参与国际标准化活动情况作为业绩考核指标。与其他发达国家相比，美国在科技成果转化为技术标准的过程中，表现出不同特点：美国强调以企业为主体，以产业界自律、自治为特征，以自愿加入、自由竞争为其运作形式；美国政府一般并不参与标准的制定，也不强制标准的执行，而是对竞争中脱颖而出的企业标准进行扶持，帮助其推广并推向国际市场等。

三、英国

（一）基本情况

18 世纪 60 年代至 19 世纪 30 年代，英国成为世界上第一个完成工业革命的国家。1901 年，英国工程标准委员会成立，这是世界上第一个全国性的标准化机构，中间几次更名，1931 年改为现用名——英国标准学会（British Standards Institution，BSI）。BSI 是英国唯一的全国性标准化机构，代表英国参加国际和地区标准化活动。英国标准学会的宗旨是协调生产者与用户之间的关系，解决供给与需求的矛盾，改进生产技术和原材料，实现标准化和简化，避免时间和材料的浪费等。

1903 年 3 月，英国制定了世界上第一个国家标准——英国标准"轧钢断面"，将结构钢截面尺寸由 175 个减至 113 个，将钢轨规格由 75 个减至 5 个，估计每年可节约 100 万英镑。1904 年，以英国国家标准（BS）的形式颁布 70 年前惠特沃思制定的"螺纹型标准"。1906 年，英国颁布国家公差标准。1914 年，英国钢铁标准规格在英国海军部、劳氏船级社、印度铁路得到了广泛采用。1914—1918 年的第一次世界大战期间，标准化的最大贡献是制定了一批飞机材料标准。BSI 制定的标准广泛应用于所有专业领域，可以作为仲裁的依据，也可以作为技术条件的根据。1982 年，英国政府与 BSI 签订了《联合王国政府和英国标准学会标准备忘录》。其中规定，政府各部门今后将不再制定标准，一律采用 BSI 制定的 BS 标准，特别是在政府采购和技术立法活动中直接引用 BS 标准。

（二）科技成果向标准转化相关举措

英国非常注重科技创新与标准化的协调发展。英国创新政策包含三大要素：高层次教育及培训、科研和开发、政策和资金的支持。科技创新的基础在于人才和团队，关键在于信息共享。推行创新政策时，注重与标准化的协调发展：积极推行对以标准化为目标的研究开发项目给予财政支持的政策；鼓励各界的专家和政府有关人员参加国内、国际标准化活动；将标准知识纳入商业基础技能政策体系；提高社会公众对标准化工作的参与度；将标准化的概念纳入正规教育大纲，建立标准宣传体系，并加强标准和标准化的宣传、培训，在全社会范围内普及标准化意识、有效使用标准的技能，将标准化工作植根于科技基础。

政府对企业开展科技创新与标准化的支持，是以现金券的方式向中小企业提供一定的技术开发经费，科研机构、高校等向企业出售其所需要的技术，并帮助他们在新兴领域采用相关标准提升生产能力和技术水平；同时政府从政策上减免中小企业的税费，用于资助创新。英国政府在科技创新投入方面，处在欧盟的平均水平。政府致力于提供相关的优惠政策，降低技术创新成果应用的门槛。

在欧盟标准化战略的实施和影响之下，英国根据自己的发展需求，也制定和实施了本国的标准化战略。2003 年，英国正式发布《国家标准化战略框架》(*National Standards Strategic Framework*, *NSSF*)，以应对标准化面临的挑战和机遇，该框架确定了英国标准化的方向、标准化战略的使命和构想。框架指出，英国标准化的未来发展愿景是：①促使英国企业界使用标准战略，增强竞争优势，推广最佳经验，打进新兴市场并促进企业创新；②有效使用标准，达到公共政策、法规监管和社会目标；③通过标准化，能够高效协调各个利益相关方的不同需要。为达到构想目标，*NSSF* 强调企业目标、政府目标、基础结构目标、国际目标、革新目标、意识和教育目标 6 个需要关注的关键领域，并分别制定目标和战略指导方针。在"革新目标"下，确定"在经济中广泛促进革新，利用标准化的能力确定新技术、新工艺和新的工作方法""在新兴领域适当推行标准化；通过协调使用标准、专利、特许权和其他知识产权管理工具将革新的商业利益最大化；推行标准化，为新技术、新工艺和新工作方法的应用和商业化提供便利"的指导方针；在"意识和教育目标"下，确定"树立标准化意识，了解标准化，培养有效使用标准的适当技能，在技术和科学基础上融入标准化""将标准化知识纳入提高企业技术基础的政策之中，将标准化概念列入正式教育课程"，借助"标准化教育"培养专业人才，进而强化科技与标准的融合。BSI 作为英国国家标准化机构，其战略布局在一定程度上同样反映了英国国家标准化战略方向。2017 年，BSI 发布了最新的《BSI 战略报告》，提出了"领导力""文化""提供以客户为中心的服务""提升 BSI 的弹性以适应未来的变化和调整" 4 项战略目标，以及"成为知识解决方案的提供者——扩展 BSI 的服务，以在产品的生命周期和供应链的关键点上帮助用户；进一步投资创新和技术解决方案，提供不断完善的智能服务和响应""建立领先的综合认证和培训业务——继续投资技术和培训，以确保 BSI 提供最合适、最值得信任的服务；嵌入商业最佳实践流程和系统，以提供一流的客户体验"等若干具体举措。

四、德国

（一）基本情况

1893 年，德国电气工程师协会（Verband Deutscher Elektrotechniker，VDE）正式成立，并于 1895 年制定了德国第一项电工安全规程 VDE 0100《强电设备安全规程》（即 DIN/VDE 0100 系列标准）。1917 年 5 月，德国工程师协会成立通用机械制造标准委员会，同年 12 月通用机械制造标准委员会改组为德国工业标准委员会，1918 年 3 月制定发布第 1 项德国工业标准（《DI-Norm I 锥形销》）。1926 年 11 月，德国工业标准委员会改名为德国标准委员会。1975 年 5 月，德国标准委员会改为现称德国标准化协会（德文名称：Deutsches Institut für Normung e.V.，德文缩写：DIN）。DIN 是德国最大的具有广泛代表性的公益性标准化民间机构。它所制定的 DIN 标准为德国国家标准，与政府部门制定的技术法规，以及各专业团体制定的标准共同构成德国的标准体系。其中，DIN 标准居于主要地位。

为协调 DIN 和 VDE 两大机构的关系，通力开展电工电子标准化工作，1970 年 DIN 与 VDE 两大机构签署协议，联合成立德国电工委员会（DKE）。根据协议，DIN 主要致力于电工标准化工作；VDE 主要致力于制定 VDE 安全技术规程。

（二）科技成果向标准转化相关举措

德国高度重视研究开发与标准化的整合，倡导在研究开发的同时即考虑标准化的问题，特别强调将标准化纳入技术研发和技术推广计划中，使其贯穿于创新活动的全过程，并强调从技术研发的早期就开始挖掘研发成果的标准化潜力。德国还特别强调将标准化和专利结合使用，以期快速将创新产品推向国际市场，获得更大的经济效益。

在欧盟标准化战略的实施和推动下，德国也积极实行本国的标准化战略。德国的标准化战略与德国国家创新战略和国家竞争战略具有紧密的关系，已成为维护德国国家利益的有效手段和重要的战略工具。2003 年，DIN 牵头组织开展了面向未来、面向社会各界的德国标准化战略目标研究，以保持德国技术和经济的领先地位，迎接经济全球化和欧洲统一市场带来的挑战。2005 年 1 月，德国首次正式发布《德国标准化战略》（*The German Standardization Strategy*，*GSS*），明确标准化及标准化机构促进技术融合、标准化保证德国工业领先国家的地位、标准化是支撑经济和社会取得成功的战略工具、标准化减轻国家立法工作、标准化机构提供有效的程序和工具 5 项战略目标，并确定 23 项具体措施。如采取"标准化与研发紧密结合——为保证德国创新在地区和全球市场上赢得一席之地，标准化必须成为技术创新过程及相关研发活动不可分割的一部分，应该进一步扩充现有方案（如'研发阶段的标准化'）、启动先导项目等，以标准化促进高创新领域的行业组织、科研机构和高校之间的知识和技术转移，应扩展'标准化研究网络'"等 6 项具体措施，达到"通过科研/商业与标准化间的有效合作，使创新在起步阶段就获得支持"等系列预期结果，支撑"标准化保证德国工业领先国家的地位"战略目标落地。如采取"站在系统的高度研发标准——为满足技术融合要求并积极支持融合过程，标准化必须从传统的产品标准化向系统标准化转换。系统标准化必须从整个系统、系统及其部件功能的总体开始，并定义所有接口""确定融合技术的活动范围——为使德国标准化成为技术融合的发动机，DIN 应召集融合技术的代表，评估未来 3～4 年市场发展的方向，明确德国想成为主导的产业""结构最佳化——长远的目标是在德国标准化体系内，联合政治委员会和技术委员会，建立一个一体化的财政和产品政策"等 5 项具体措施，达到"标准化确保了技术融合而成的创新体系进入地区和全球市场，从而实现新体系的全部的经济潜能"等系列预期结果，支撑"标准化及标准机构促进技术融合"的战略目标落地。此后根据外部环境的变化，德国分别于 2010、2016 年对 *GSS* 进行修订。2010 年，DIN 修订并发布 *GSS*（2010），明确标准化（机构）促进技术融合、标准化确保德国一流工业大国的地位、标准化作为战略性工具为经济社会健康发展提供支撑、标准化是减少立法的工具、标准化机构提供高效的程序和工具 5 项战略目标和 25 个聚焦点，持续将"促进技术融合"作为其战略目标。2016 年 11 月，DIN 修订 *GSS（2010）*，并正式发布 *GSS（2016）*，明确标准化促进国际和欧洲贸易、标准化成为放松管制的一种工具、德国引领面向未来议题的全球标准化工作、企业和社会成为标准化的驱动力量、企业将标准化作为重要的战略工具、公众高度重视标准化 6 项战略目标，以及"成立联合指导机构协调技术工作，并向所有标准制定组织、联盟开放""标准化促进技术快速传播而引发市场创新""在科研活动中纳入标准化，标准化促进互通性""基于协商一致的标准工作成果开展科研，不仅达到最好的技术创新水平，反过来还要实现标准化方法的创新""为应对数字技术挑战，以标准化支撑技术转化，本国专家及时、深入参与标准化""DIN 和 DKE 与技术协会紧密合作——技术的高度融合，需要加强标准化相关主体、技术协会与标准制定组织协调合作""标准化日益以学术为重点，鼓励下一代技术专家和管理人员开展标准工作"等 31 个要点构想，持续推进科技与标准的互动融合。

五、日本

（一）基本情况

1921 年 4 月，日本成立工业品规格统一调查会（简称 JESC），开始有组织、有计划地制定和发布日本国家标准，1922 年 10 月制定发布了第 1 项日本标准《金属材料抗拉试样》。工业品规格统一调查会于 1946 年解散。1949 年，日本工业标准调查会（简称 JIS）成立。JIS 是日本全国性标准化主管机构。日本实行以政府为主导的标准化管理体制。国家标准均由政府组织制定，但标准的实施却是自愿的。1949 年 10 月，日本工业标准调查会制定发布了第 1 项日本工业标准 JIS C 0901《电机防爆机构（煤矿用）》。日本工业标准是日本国家级标准中最重要、最权威的标准。

日本标准化体制在第二次世界大战后经历了由政府主导的高

效行政管理体制到民间主导标准方案制定的改革，逐渐减弱政府的行政控制。经济产业省负责全面的产业标准化法规的制定、修改、颁布及有关的行政管理工作，具体工作由 JIS 执行，其他各个行政管理省负责本行业技术标准的制定。日本建立了针对 ISO、IEC 技术委员会（TC）的国内审议团体，并尽可能与日本国家标准的制定团体一体化。

（二）科技成果向标准转化相关举措

第二次世界大战后，为了快速恢复本国的工业和经济，日本更加重视质量和标准化工作，并在战后短短的几十年中，一跃成为全球的经济和技术强国，其中标准化发挥了重要作用。日本政府强调标准确定之前的合作研发，由政府牵头组织，集中人力、财力联合攻关，通过产学研多方合作，就更有可能在技术生命周期的早期阶段促进关键产品要素的标准化。在日本，这种以标准化为目标的联合研发计划相当常见，移动通信标准竞争就是典型的案例之一。日本每年的标准化经费预算为 60 亿日元（约合 4.5 亿元人民币），其中用于国际标准活动的经费约占 60%。日本对市场性较强的应用型标准在标准研制过程中引入市场机制，充分体现谁投资、谁受益的原则，如日本的标准化机构和社团主要通过销售标准文本来收取经济回报，并提供产品认证、试验室认可和技术咨询等有偿服务，政府对标准的服务性收费提供减免税收等优惠政策。还有一些大的企业集团，如日本松下电器公司、东芝电器公司等，为了自身利益也积极投入人力、物力主动参加标准化活动。

进入 21 世纪以后，日本政府继续高度重视研究开发与标准整合，即在研究开发的同时考虑标准化问题。在欧洲标准化战略的压力下，面对来自欧美的经济竞争和威胁，日本也开展了本国标准化战略研究。2000 年 4 月，日本制定《国家产业技术战略（总体战略）》，提出要最大限度地普及和应用技术开发成果的观念，把标准化作为通向新技术与市场的工具，深刻认识以标准化为目的的研究开发的重要性。2001 年 9 月，JIS 按照《国家产业技术战略（总体战略）》和日本内阁会议确定的"科学技术基本计划"，在汇总电子、信息等 27 个分专业标准化战略内容的同时，正式提出了日本首个标准化专项的国家战略《日本标准化战略（2001）》，明确三大发展目标。其中支撑发展目标之一"技术标准和科技研发的协调发展"的具体措施包括：以标准化的高度促进研发工作；促进高新技术领域的标准化；确保技术基础研究机构在标准化活动中的作用；发挥国立研究所的作用。确定将"推进标准化活动与研究开发的一体化"作为三个战略性课题之一，将研究开发政策和标准化政策并驾齐驱（研究开发政策＋标准化政策＝技术创新与实用化政策）；提出包括"从规划阶段起即有标准化意识，在新技术的标准化方面尤为如此"在内的战略措施；建立"标准化政策和产业技术政策一体化推进"和"支援标准化研究开发"的工作体系，增加有关科学研究的预算经费；国家科研机构利用科研成果积极进行国际标准提案。2002年日本发布的《21 世纪战略纲要》更是将国家发展战略从"科技立国"调整为"标准立国"，力争进入标准强国的行列。2006 年 9 月，日本内阁成立了战略本部，并由首相安倍晋三担任部长，开始研究制定日本的国际标准综合战略。2006 年 12 月，日本国际标准综合战略正式出台，强调国际标准与技术法规进一步紧密结合，对产业发展和国际贸易造成了深远的影响。由首相亲自主持制定国家的国际标准综合战略，表明日本空前重视国际标准竞争。2014 年，日本对《日本标准化战略（2001）》进行修订，发布《日本标准化战略（2014）》，这也是目前该战略的最新版本，强化企业内部标准化战略与研究开发战略、事业战略等深度融合，高度重视（中小）企业参与（国际）标准化，推进中小企业研发与标准化的一体化进程，意图在技术研发初期导入标准化思路，进而迅速掌握尖端技术领域的（国际）标准话语权。

第三节　我国科技成果转化为技术标准创新实践

我国高度重视标准化与科技创新互动支撑、融合发展。中共中央、国务院印发的国家创新驱动发展纲领性文件，以及《深化科技体制改革实施方案》等明确提出"健全技术创新、专利保护与标准化互动支撑机制""健全科技与标准化互动支撑机制，制定以科技提升技术标准水平、以技术标准促进技术成果转化应用的措施"的工作要求，在国家层面对相关工作做出部署。2021 年印发的《国家标准化发展纲要》更加强调了两者融合发展的重要性，将"推动标准化与科技创新互动发展"放在突出位置。本节对我国科技创新和标准化的发展历程以及科技成果转化为技术标准工作现状进行介绍。

一、科技创新发展

生产力决定生产关系。近代人类的生产力即是工业能力，而工业能力的进步主要通过工业革命。迄今为止，人类社会已经经历了三次工业革命，即蒸汽时代、电气时代、信息时代，现在正面临第四次工业革命。在人类社会的三次工业革命中，我国抓住了第三次工业革命的"尾巴"，即计算机革命的信息化时代，这也是今天我国快速崛起的主要技术基础。在第四次工业革命中，我国已经不仅仅是跟随者，而是正在成为引领者之一。

新中国成立至今，我国始终高度重视科学技术的发展，始终坚持走自主创新的道路，着力在重大关键技术和共性技术领域实现突破，通过创新驱动引领中国经济社会的可持续发展。关于我国科技创新发展情况，将 1949 年新中国成立作为起点，大体上分为"起步与追赶""改革与探索""创新与跨越"三个阶段。

（一）"起步与追赶"期

从 1949 年新中国成立到 1978 年改革开放，本书将该阶段定义为中国科技创新"起步与追赶期"。新中国成立至 1956 年，我国科技事业在艰难中起步，初步建立科技体系；到 1958 年，我国科学技术事业进入了国家计划下的现代发展时期；1963 年，国家首次提出实现"四个现代化"的目标，强调实现四个现代化的"关键在于实现科学技术的现代化"；1975 年，国家再次重申"四个现代化"的宏伟目标，我国科技创新迎来了新的转机。在此期间，我国科技创新工作取得"两弹一星"、合成结晶牛胰岛素等重大突破。

（二）"改革与探索"期

1978—2012 年，本书将该阶段定义为中国科技创新"改革与探索期"。1978—1985 年，我国的科技事业重新走上正常轨道，1978 年提出"科学技术是生产力"等重要论断。1985—1998 年，我国科技体制改革全面展开，1995 年提出要增强国家的科技实力和科学技术向现实生产力转化的能力。1998—2006 年，我国开始布局建设国家科技创新体系，2001 年提出要"发展高科技、实现产业化，提高科技持续创新能力、实现技术跨越式发展"。2006—2012 年，我国科技事业进入自主创新与全面建设国家创新体系阶段，2007 年明确指出"要坚持走中国特色自主创新道路，把增强自主创新能力贯彻到现代化建设各个方面"；2012 年提出"到 2020 年，基本建成适应社会主义市场经济体制、符合科技发展规律的中国特色国家创新体系""科技支撑引领经济社会发展的能力大幅提升，进入创新型国家行列"。在这一时期，我国取得了众多举世瞩目的科技成就，研制成功以银河-1 号巨型计算机为代表的银河系列超级计算机，青藏铁路实现了全线贯通，神舟七号成功发射开启了中国航天的新篇章。

（三）"创新与跨越"期

从 2012 年至今，本书将该阶段定义为中国科技创新"创新与跨越期"。2015 年，我国明确提出"创新、协调、绿色、开放、共享"新发展理念，将坚持创新发展摆在国家发展全局的核心位置；2017 年，指出"创新是引领发展的第一动力，是建设现代化经济体系的战略支撑";2020 年，提出"坚持创新在我国现代化建设全局中的核心地位，把科技自立自强作为国家发展的战略支撑，面向世界科技前沿、面向经济主战场、面向国家重大需求、面向人民生命健康，深入实施科教兴国战略、人才强国战略、创新驱动发展战略，完善国家创新体系，加快建设科技强国。"我国经济社会发展和民生改善比过去任何时候都更加需要科学技术解决方案，都更加需要增强创新这个第一动力。在这一时期，我国科技实力和创新能力显著增强，正在从量的积累迈向新的质的飞跃，从点的突破迈向系统能力提升，一些前沿领域开始进入引领阶段。北斗导航卫星全球组网，"嫦娥四号"首次登陆月球背面，"嫦娥五号"实现地外天体采样，"天问一号"抵达火星，C919 首飞成功，"奋斗者"号完成万米载人深潜，"雪龙二号"首航南极，磁约束核聚变大科学装置多项实验取得突破，散裂中子源、500m 口径球面射电望远镜等建成使用，有力彰显了我国的综合国力。

二、标准化发展

由于所处历史时代的特殊性，我国古代标准化的根本动力是为了满足中央集权统治的需求，主观上并不是以推动经济发展或技术进步为主要目的。因此，标准化因成为集权统治的工具而具有了服务集权的特征，也因此陷入了严重的路径依赖，使得许多古代高超的技术无法延续到现代。本书重点研究科技成果转化为技术标准的方法问题，关于我国标准化发展情况，将 1949 年新中国成立作为起点，大体上分为"起步探索""开放发展""全面提升"三个阶段。

（一）"起步探索"期

从 1949 年新中国成立到 1978 年改革开放，本书将该阶段定义为中国标准化"起步探索期"。1949 年 10 月 21 日，在中央技术局内部设立标准规格处。1957 年，成立国家科学技术委员会标准局，标志着我国标准化管理工作从分散转向集中。该阶段标准主要服务于工业生产，由政府主导制定并强制执行，诞生了标准化多个第一。

比如，第一项标准《工程制图》，第一个标准化管理制度《工业产品和工程建设技术标准管理办法》，第一个标准化中长期发展规划《1963—1972 年标准化发展十年规划》等。

（二）"开放发展"期

从 1978 年改革开放到 2012 年党的十八大召开，本书将该阶段定义为中国标准化"开放发展期"。这个时期中国标准化开始放眼世界、走向国际，加大了采用国际标准的力度，标准化工作也开始纳入法制管理的轨道，同时确定了强制性标准与推荐性标准并存的标准体系建设方向。1978 年，我国恢复 ISO 成员身份，重返国际舞台。1984 年，首次召开全国采用国际标准工作会议，采用国际标准和国外先进标准成为我国重要的技术经济政策。1988 年，颁布《中华人民共和国标准化法》，形成强制性标准与推荐性标准并存的格局，确立了国家标准、行业标准、地方标准和企业标准四级标准体系。2001 年为了履行加入世界贸易组织（WTO）的承诺，强化统一管理，成立国家标准化管理委员会。2008 年和 2011 年我国相继成为 ISO、IEC 的常任理事国。2008 年《全国标准化工作要点》提出，要坚持"科研标准产业同步"，健全自主创新与标准制定和实施相结合的工作机制，使更多自主创新技术及时融入标准。2010 年《全国标准化工作要点》提出"要突出抓好标准化科研与标准制修订工作的有效衔接"。

（三）"全面提升"期

党的十八大以来，我国进入到新时代中国特色社会主义建设时期，也是标准化事业的"全面提升期"。这一时期，国家对标准化的重视程度达到前所未有的高度，旗帜鲜明地指出要"以高标准助力高技术创新，促进高水平开放，引领高质量发展""中国将积极实施标准化战略，以标准助力创新发展、协调发展、绿色发展、开放发展、共享发展"，并做出加快形成推动高质量发展标准体系等部署。中央全面深化改革委员会办公室将标准化工作改革纳入 2015 年重点工作，国务院相继出台了深化标准化工作改革方案和国家标准化体系建设的发展规划。第 12 届全国人大常委会审议通过并于 2018 年 1 月正式实施新修订的标准化法，确立了新型标准体系的法律地位，形成了政府主导制定标准与市场自主制定标准协同发展、协调配套的运行机制。十八大以来，我国专家当选 ISO、IEC 和 ITU 三大国际标准组织领导职务，国际标准化贡献不断加大。强化科技与标准化协同创新已逐渐成为我国标准化工作主基调之一。2021 年印发的《国家标准化发展纲要》更是在战略高度上对"推动标准化与科技创新互动发展"做出整体布局，为"十四五"及未来较长一段时间我国标准化工作指明了方向。

三、科技创新与标准化互动发展政策

新中国成立至今，我国围绕科技创新和标准化工作做出诸多重大战略性部署，出台了一系列配套政策措施。在科技创新与标准化互动发展政策设计方面，经历了一个渐进发展的过程。本书将其划分为五个大的历史阶段。

（一）新中国成立至"九五"结束（1949—2000 年）

新中国成立至"九五"结束（1949—2000 年），我国大力推进科技创新工作，科技创新工作逐渐体系化、规范化，对我国经济社会发展发挥了重要支撑作用。先后制定颁布《中华人民共和国专利法》（1985 年）、《中华人民共和国标准化法》（1988 年）、《中华人民共和国科学技术进步法》（1993 年）、《中华人民共和国产品质量法》（1993 年）等与科技成果转化和标准化相关的法律法规，为相关工作开展提供了法律依据。

在科技政策方面，我国先后制定五个中长期科学技术发展规划纲要（1956—1967 年、1963—1972 年、1978—1984 年、1990—2000 年、1995—2010 年），以及"八五"和"九五"两个五年科技发展计划。在《国家中长期科学技术发展纲领》（1990 年）中，正式提出"加强科技成果转化为生产力"等论述；在《全国科技发展"九

五"计划和到 2010 年长期规划纲要》（1995 年）中强调"把为经济发展提供科技动力作为重要任务"；《质量振兴纲要（1996 年—2010 年）》（1996 年）首次提出"技术进步和技术改造要与提高产品质量相结合""严格按标准组织生产，没有标准不得进行生产"等要求。

同期，我国标准化工作整体上处于学习、恢复和调整的过程。1963 年 4 月，第一次全国标准计量工作会议召开，会议通过了《1963—1972 年标准化发展十年规划》，这是我国标准化历史上第一个纲领性文件。1979 年 7 月，颁布《中华人民共和国标准化管理条例》，该条例在加强标准化管理的基础上，增加了产品质量监督和产品检验的内容，使标准和标准化工作更加有的放矢。1988 年 12 月，颁布《中华人民共和国标准化法》，标准化法将标准分为强制性标准和推荐性标准，改变了"标准一经批准发布就是技术法规，都必须严格贯彻执行"的规定（《中华人民共和国标准化管理条例》，1979 年），体现了市场对于标准的宽容性。标准化法还规定了认证认可的地位，使其成为标准实施的另一种方式，改变了单纯由政府监管惩罚的单一形式，在很大程度上调动了企业和市场的积极性。

综上可以看出，自新中国成立至"九五"结束，我国科技创新和标准化政策基本上处于并行推进的状态，两者互动实践相对较少。

（二）"十五"期间（2001—2005 年）

"十五"期间（2001—2005 年），我国将人民生活总体上达到小康水平、胜利实现现代化建设前两步战略目标、社会主义市场经济体制初步建立作为经济社会发展目标，市场配置资源的模式开始走到前台，技术瓶颈成为我国经济社会长期发展的重要制约因素，科技创新和标准化工作迈入全新发展阶段。我国科技工作在提高科技持续创新能力和促进产业技术升级两个层面做出部署，相继发布《国民经济和社会发展第十个五年计划科技教育发展专项规划（科技发展规划）》《国家"十五"科技基础性工作专项实施意见》《可持续发展科技纲要（2001—2010）》等，持续大力推进科技成果向现实生产力的转化，促进产业升级；提倡企业成为技术进步和创新的主体，引导企业成为标准制定和实施的主体。中华人民共和国科学技术部（简称科技部）提出实施"人才、专利、技术标准"三大战略，首次从顶层设计上将技术标准落实到科技创新工作中。

"十五"期间，我国标准化工作尚处于快速发展的初期，科技创新和标准化工作仍处于并行发展的基本状态，但已出现互动趋势。在基础研究、可持续发展等科技工作部署时，首次安排"解决科技基础标准建设""建立和完善与可持续发展相关的技术标准体系"等相关工作。在标准化与科技创新互动支撑方面，主要集中在"研究建立科技研究成果标准立项审批的快速通道，为重大科技成果产业化做好标准技术基础工作"等技术基础性方向。2002年开始，中国国家标准化管理委员会（简称国家标准委）以印发年度《全国标准化工作要点》的方式对全国标准化工作的各年度重点任务做出部署，其中涉及标准化与科技创新互动支撑的内容多有提及。

（三）"十一五"期间（2006—2010年）

"十一五"期间（2006—2010年），我国科技创新与标准化工作开始相互渗透，科技创新和标准化政策出现明显交叉融合，科技创新与标准化工作深层次互动拉开序幕。

从科技政策角度看，《国家中长期科学和技术发展规划纲要（2006—2020年）》提出"将形成技术标准作为国家科技计划的重要目标"等工作要求；《国家"十一五"科学技术发展规划》明确"将形成技术标准作为国家科技计划的重要目标"，大力推进在科技计划中支持重要技术标准的研究与应用工作；《科技计划支持重要技术标准研究与应用的实施细则》从实施层面明确了"将技术标准战略贯穿科技计划项目组织实施的全过程""通过科技计划项目的实施，带动相关重要技术标准的研究制定"等具体措施。《国家知识产权战略纲要》指出"坚持技术创新以获得知识产权为追求目标，以形成技术标准为努力方向"，在国家层面明确了知识产权与技术标准的互动工作要求，合力推进科技成果向现实生产力的转化。

从标准政策角度看，在推动标准化与科技创新互动支撑方面的力度进一步加大。2006 年，我国首次印发标准化领域的第一个五年规划——《标准化"十一五"发展规划》，明确提出"坚持自主创新，以科研促进标准化工作跨越式发展"的指导思想，布局了"促进标准制定与科技研发紧密结合""开展科技计划支持的重要技术标准研究"等重点任务，同时启动了"自主创新技术融入标准"等机制研究。在各年度《全国标准化工作要点》中做出"科研标准产业同步""将自主知识产权的技术转化为标准""通过技术标准快速将科技成果转化为生产力"等重点工作部署，明确了推动标准化与科技创新互动支撑的政策导向。2007 年与 2008 年的《全国标准化工作要点》均坚持"科研标准产业同步"，将标准化与科技创新的互动支撑延伸到"科研、标准、产业"的同步发展。2009 年的《全国标准化工作要点》提出"通过技术标准快速将自主创新的科技成果转化为生产力"，2010 年的《全国标准化工作要点》提出"突出抓好标准化科研与标准制修订工作的有效衔接"等促进更多自主创新技术及时融入标准的工作安排。

（四）"十二五"期间（2011—2015 年）

"十二五"期间（2011—2015 年），我国科技创新与标准化融合力度进一步加强，有关政策内容出现明显交叠，呈现出紧密结合、协同推进的特点。

从科技政策来看，我国首次印发针对技术标准科技创新的专项规划——《"十二五"技术标准科技发展专项规划》，标志着技术标准工作开始深度融入国家科技创新体系。2011 年，科技部发布《国家"十二五"科学技术发展规划》，明确提出"坚持把促进科技成果转化为现实生产力作为主攻方向"。2012 年的《"十二五"国家战略性新兴产业发展规划》颁布实施，指出要"建立标准化与科技创新和产业发展协同跟进机制、加快创新成果转化和产业化步伐"。同年印发的《质量发展纲要（2011—2020 年）》提出"注重创新成果的标准化和专利化""加强标准化与科技、经济和社会发展政策的有效衔接"等工作要求，将技术创新与标准、专利的结合提升到支撑质量建设的高度。2015 年，我国出台《关于新形势下加快知识产权强国建设的若干意见》，做出"完善标准必要专利""推动有知识产权的创新技术转化为标准""加大创新成果标准化和专利化工作力度，推动形成标准研制与专利布局有效衔接机制"等工作安排；其他相关纲领性文件也明确做出"完善科技成果转化协同推进机制""建设标准创新研究基地，协同推进产品研发与标准制定"等工作部署，大力提升国家制造业创新能力。

从标准政策看，在推动标准化与科技创新互动支撑方面操作性更强。在各年度《全国标准化工作要点》中提出"科研标准产业一体化""推动知识产权与标准有机融合""向国家科技计划项目开放国家技术标准资源服务平台""完善国家标准化指导技术文件制度"等更好承接科技创新成果转化需求，加快科技成果转化为技术标准并推广实施的落地政策措施，为推动标准化与科技创新在更深层次实现实质性互动提出了可行的实践方案。2011 年，《标准化事业发展"十二五"规划》颁布实施，明确了"促进标准化与科技创新紧密结合""标准化与科技创新、产业发展的结合更加紧密"的指导思想。2015 年修订实施的《中华人民共和国促进科技成果转化法》明确提出"共同开展研究开发、成果应用与推广、标准研究与制定"，从法律层面为科技创新与标准化互动支撑提供了依据。2015 年 3 月，国家正式出台《深化标准化工作改革方案》；12 月，印发我国标准化领域第一个国家专项规划——《国家标准化体系建设发展规划（2016—2020 年）》，在国家层面部署，推动实施标准化战略，开启了我国深化标准化工作改革的大幕。

（五）"十三五"期间（2016—2020 年）

"十三五"期间（2016—2020 年），我国科技创新与标准化互动融合力度实现飞跃，有关政策呈现出相互呼应和总体协调的特征。标准化与科技创新、产业发展、知识产权、技术改造等协同推进模式日益完善，渗透性持续增强。国家质量提升行动计划、科技成果转移转化行动计划等也从不同角度对科技创新与标准工作的深度融合和"一体化"推进做出全局性部署。

在科技政策方面，以发布实施我国创新驱动发展纲领性文件为重要标志，奠定了科技创新与标准化深度融合发展的总基调，明确提出"健全科技创新、专利保护与标准互动支撑机制""形成支撑产业升级的标准群"等工作要求。《国家"十三五"科技创新规划》关于"统筹推进科技、标准、产业协同创新"的工作部署，《"十三五"国家战略性新兴产业发展规划》关于"落实和完善战略性新兴产业标准化发展规划"的工作部署，《关于促进国家高新技术产业开发区高质量发展的若干意见》关于"推动技术创新、标准化、知识产权和产业化深度融合"的工作部署等，进一步体现了国家在促进科技、标准、知识产权、产业融合发展上的力度。2016 年 10 月，科技部、中华人民共和国国家质量监督检验检疫总局（简称质检总局）、国家标准委联合印发《关于在国家科技计划专项实施中加强技术标准研制工作的指导意见》，指出在国家科技计划专项实施中应加强技术标准研制工作，以科技创新提升技术标准水平，以标准促进科技成果转化应用，从更深层次上实现科技创新与标准化的融合发展。2017 年 6 月，科技部、质检总局、国家标准委联合印发《"十三五"技术标准科技创新规划》，明确指出要"破除科技创新成果向技术标准转化的障碍、发挥科技创新在技术标准工作中的引领作用"，攻克并畅通转化渠道中的一切障碍。2017 年，国家《关于开展质量提升行动的指导意见》发布实施，同样将"建立健全技术、专利、标准协同机制"作为重点工作予以部署，标志着推进科技创新与标准化融合发展已上升到支撑经济社会高质量发展的高度。

在标准政策方面，在推动标准化与科技创新互动支撑方面依然保持持续深入的态势。《国家标准化体系建设发展规划（2016—2020年）》提出"加强标准研制与科技创新的融合，推进国家技术标准创新基地建设"工作要求，标志着标准化与科技创新由紧密结合向深度融合的过渡。2016年《全国标准化工作要点》指出要"制定国家科技计划专项实施中加强技术标准工作的指导意见"，提出通过标准化试点示范的新形式——国家技术标准创新基地，探索推进科技成果向技术标准转化的新路径。2017年《全国标准化工作要点》指出要"健全科技与标准互动支撑机制"，持续深入推进科技与标准深度融合互动机制建设；同年6月，质检总局办公厅、科技部办公厅、国家标准委办公室联合印发《关于开展首批科技成果转化为技术标准试点工作的通知》，确定了首批11家科技成果转化为技术标准试点单位并有序开展试点工作。2018年《全国标准化工作要点》指出要"加快技术、标准和产业深度融合、创新发展""推进科技研发、标准研制与产业发展同步"，全方位、多角度、一体化推进科技研发、标准研制和产业发展。2019年《全国标准化工作要点》指出要"总结首批11家科技成果转化为技术标准的试点单位经验，持续推动具有应用潜力的科技成果转化为技术标准"。2020年《全国标准化工作要点》继续将"加快科技成果向技术标准转化"作为重点工作。2018年1月《中华人民共和国标准化法》修订后实施，明确提出"制定标准应当有利于科学合理利用资源，推广科学技术成果"，从法律层面明确并肯定了标准对于科技成果推广应用的重要作用，为相关工作深入开展提供了法律保障。

综上所述，自新中国成立至今，我国在推动科技创新与标准化互动支撑、融合发展方面开展了大量工作，已逐渐在全国范围内形成良好的政策环境。2021年10月，《国家标准化发展纲要》发布实施，将"推动标准化与科技创新互动发展"作为重点任务，做出"加强关键技术领域标准研究""以科技创新提升标准水平""健全科技成果转化为标准的机制"等工作安排。展望"十四五"及更长一段时间，随着《国家标准化发展纲要》深入实施，以及一系列新的科技和标准化战略规划等重要文件陆续颁布，必将从战略和政策方面进一步加强推动科技创新与标准化互动支撑、融合发展的力度，为我国经济社会高质量发展提供充足的、持续的科技和标准化基础保障。

四、科技成果转化为技术标准工作

研究建立科技成果转化为技术标准的模式方法，首先需要理清我国科技成果转化为技术标准的工作现状。这里从政府推动、学术研究和试点实践三个方面做介绍。

（一）政府推动

我国高度重视科技成果转化应用工作，为促进科技成果转移、转化，加强科技与标准紧密结合，进行了一系列部署。2015 年修订《中华人民共和国促进科技成果转化法》，2016 年印发《促进科技成果转移转化行动方案》，2017 年修订《中华人民共和国标准化法》，从国家最高法规和行动方案层面做出促进科技成果转化为技术标准的顶层设计和总体安排。除此之外，还出台促进高新技术开发区、科技园区等发展的政策规定，加强与科技相关的知识产权保护的政策法规、科技奖励方面的政策法规等。这些政策法规突出强调了技术标准在科技研发、科技成果管理以及科技评价中的重要作用，为推动标准化与科技创新互动发展创造了良好的政策环境。

我国在不同战略层次上实施的一系列国家科技计划，形成了大量先进成熟的科技成果，为科技成果转化为技术标准奠定了良好的技术前提。"973 计划""863 计划"在管理方面一直强调要增加企业的参与度，要加强科技成果的应用和转化工作。"国家重点研发计划""国家科技支撑项目"坚持市场导向、需求牵引的原则，实行产、学、研、用相结合，通过关键共性技术的突破，为产业结构调整、产业技术升级提供技术支撑。

此外，国家在科技成果转化方面不断加大资金、人才和信息的投入，为科技成果转化为技术标准提供了强有力的支持。

（二）学术研究

将科技创新与技术标准相结合进行研究始于 20 世纪 80 年代末 90 年代初。对于科技创新与技术标准研究颇有建树的 Kano 首创了系统创新的概念，他认为标准化作为一个标准持续产生的过程，在某个阶段会形成整个系统的创新，标准化的一个重要作用就是将众多无序的技术创新梳理成为系统的科技创新。此后，国内学者基于 Kano 科技创新与技术标准关系的研究成果，对技术标准与科技创新的关联关系、科技创新/专利/标准的协同转化、标准与科技研发协调发展等方面进行了更广范围的理论深化和实证研究。

1. 技术标准与技术创新关联关系研究

技术标准与科技创新的关联关系研究，主要集中在对技术标准促进科技创新、技术标准与科技创新的联动、科技成果转化为技术标准理论方法、科技创新及标准化主体两者的互动关系等方面。综合来看，技术标准与科技创新有着非常丰富、复杂而又非常有价值的互动实践。创新不仅是指科学技术上的发明创造，更是指把已经发明的科学技术引入生产过程形成新的生产能力。标准化是创新成果转化的桥梁，标准源于市场需求，并从需求的角度为科研指明方向。科技研发和标准研制是循环关系，具有内在的一致性和相同的指向以及相同的实施主体。研发能力落后导致标准缺失，标准缺失会造成研发体系进一步落后。创新会成就一个企业，而标准则会成就一个产业。但是技术标准供给时间不当（如新标准或修订标准发布实施与产业需求不联动）、供给精准性不足（如供给错误的标准内容及标准类别）、供给的需求分析错误（如标准制定主体和标准实施主体需求的对接错位）等供给匹配性不佳，也会导致技术标准对科技创新起到一定的阻碍作用。

2. 标准与科技研发协调发展研究

2002 年，国家"十五"重大科技专项——"重要技术标准研究"正式启动。该专项是我国标准化发展史上规模最大、涉及领域最广、研究问题最全面的一次重大研究工程，系统揭示了"标准与科技研发协调发展""标准在社会经济发展中的作用"等若干重大理论问题。针对"标准与科技研发协调发展"研究，系统地说明了科技研发的技术经济特性、标准的技术经济特性，提出了科技研发与标准研制的相互作用机制，即科技研发、标准和市场需求两两发生关系，任何一方力量的增强，都将启动整套的正反馈机制，并最终使特定技术路线的创新厂商胜出，这套正反馈机制的最终效果是使垄断竞争型的市场结构得以巩固，并在这个过程中实现产业整体的技术进步。结合我国标准研制与科技研发的现实状况，提出相应的对策建议，并提出我国标准研制和科技研发在过渡时间和长期协调发展中的工作模式。

（三）试点实践

2017 年 6 月，我国首次设立"科技成果转化为技术标准试点"并组织实施。按照质检总局办公厅、科技部办公厅、国家标准委办公室《关于开展首批科技成果转化为技术标准试点工作的通知》，国家电网有限公司等成为首批 11 家试点承担单位，并于 2018 年全部完成验收。相关研究和实践成果共形成以产业技术创新战略联盟（以下简称联盟）为主体、以国家技术标准创新基地/地方标准化机构为主体和以企业为主体的科技成果转化为技术标准的三类典型模式。本书将重点讨论以企业为主体的典型模式，详见第三章～第六章。这里仅对第一类、第二类转化模式做简要说明。

1. 联盟为主体

联盟是以企业为主体、以市场为导向、产学研相结合的技术创新体系的重要组成，突破产业发展核心技术、形成重要技术标准是联盟的重要任务。在科技成果转化为技术标准工作过程中，联盟主要充当了科技成果转化为技术标准的组织和服务机构。

此模式中，科技成果转化为技术标准的过程主要包括 5 步：①联盟及时了解成员的科技成果产出情况，有条件地建立形成科技成果库，解决转化技术标准的源头问题；②联盟对所了解掌握的科技成果进行评价，确定哪些科技成果有潜力转化为技术标准、可以转化为什么类型的技术标准；③对于具有一定先导性和推广价值，但适用范围仅限于联盟内部的，组织联盟企业成立标准起草组，按照联盟规定组织开展联盟标准制定工作；④对于已经实施一段时间且有潜力进一步扩大应用范围的联盟标准，以及适宜转化为团体、行业、国家、国际标准的科技成果，联盟可以与相关标准制定机构对接，指导和服务联盟成员参与团体、行业、国家、国际标准制定；⑤对于已经形成的各类技术标准，联盟应指导联盟成员开展标准的实施工作，尤其是通过联盟标准的实施支撑联盟的自治，促进产业发展。

2. 国家技术标准创新基地/地方标准化机构为主体

国家技术标准创新基地和地方标准化机构是服务行业和区域标准化发展的综合服务平台，加快促进标准化与科技创新、产业升级协同发展，培育发展标准化服务业是其重要任务。在科技成果转化为技术标准工作过程中，国家技术标准创新基地和地方标准化机构在识别重大标准需求、多种形式保证标准制定工作顺利开展，以及标准实施应用方面发挥了重要作用。

此模式中，科技成果转化为技术标准的过程主要包括4步：①对接国家重大领域和区域发展战略，找出制约行业和地区发展的重大标准化问题和需求，推动研发攻关或找到已有科技成果，面向市场汇总所辐射领域或区域内科技成果，形成科技成果库；②开展科技成果转化为技术标准的可行性评价，确定哪些科技成果有潜力转化为技术标准、能转化为什么类型的技术标准；③依托国家技术标准创新基地和地方标准化机构的工作平台，组织相关国内、国际专业标准化技术委员会、联盟等，推动各类标准立项和制定；④及时推动标准的实施与应用，满足市场发展需求。在推动我国的国际标准化工作中，国家技术标准创新基地也发挥了重要作用。

综合上述分析可以看出，在世界范围内，科学、技术、标准、产业（工程）经历了相互交融又各具特色的发展历程。在发展过程中，科学和技术结合越来越紧密，科学进步对技术发展越来越起到支撑和主导作用，人们越来越认识到技术发展的背后不仅离不开科学，而且更应该遵循科学规律，更应该主动依据科学方法论大幅提升科研效率；在科学技术的大量实践和应用过程中，标准应运而生，人们越来越认识到大规模、大范围、多行业、多领域的复杂创新问题，离不开源端的系统论、控制论、信息论等科学方法论，更离不开应用端的标准化，同时也离不开最终转化为生产力的具体体现形式——产业（工程）。自 17 世纪科学和技术紧密结合开始，科技成果转化为生产力开展了长达几个世纪的实践和创新探索。转化过程中的经验和教训表明，大型、复杂、技术含量高的科技成果向生产力高效率转化时，标准是加速科技成果的转化效率过程中最有效的载体形式之一，而当科技成果的体量越来越大、技术复杂程度越来越高、所应用的系统越来越复杂时，标准将趋向于成为提升科技成果向生产力转化效率的最佳载体形式。

由于科技成果转化为技术标准是一项系统工程，具有影响因素多、利益相关方多、时间链条长、见效相对较慢等特点。只有完整识别与此转化活动关联性较强的相关要素及其关联关系，才能更加高效地开展科技成果转化为技术标准工作。国际上虽然对标准和标准化的研究已经长达几十年，但各国对科技成果转化为技术标准的研究成果尚不多见，无论从采用的方法还是从研究成果来看，都表明对于科技成果转化为技术标准的认识还未成熟。近年来，国内公开发表的科技成果转化为技术标准方面的学术研究成果尚不多见，在研究的深度和广度方面都不太完善，缺乏系统性，尚未形成公认的理论框架和通用模式方法。为科学甄别并及时推动科技成果按需、适时、高效向技术标准转化，最大限度地确保各行业科技成果更好地服务于国家经济社会发展，亟须对科技成果转化为技术标准的模式方法开展系统性研究。

　　通过本章对相关国家和组织已开展工作的调研和归纳总结，可知众多科技成果转化为技术标准的实践正在向科研、标准、产业（工程）三个元素全面对接转型，这一特点在电力行业尤为明显。电力系统是一个由无数工程有机联系而形成的庞大、复杂的人造系统，所有工程建设及其所构成系统的安全稳定运行都需要科学、完备的技术标准体系做支撑。科技成果转化为技术标准，不是只考虑科技成果和技术标准之间的转化活动，更不是以完成某项行政性指标或完成某项考核任务为目标的转化活动，而是一个强调科研、标准、产业（工程）统筹协调、全局设计、注重实效的转化过程。本书在吸收借鉴国内外研究成果基础上，结合特定电力技术领域的科技和标准化工作的特点，对科技成果转化为技术标准模式方法进行探索性研究，以期形成通用模式方法供各方参考。

第三章

科技成果转化为技术标准创新方法

　　"工欲善其事，必先利其器"。促进科技成果转化为技术标准，应以科学的理论和方法为依据，避免零散、孤立、片面和简单化。同时，科技成果转化为技术标准还应避免两个倾向，一是过度追求转化从而导致形成一些不必要的、无实际需求的标准，成为科技成果转化的形式主义和负担；二是片面追求国际标准、国家标准等表面上"高等级"的技术标准，而忽视了技术标准体系构建的内在规律和科学性，从而削弱了技术标准对技术创新和产业发展的支撑能力。因此，为促进科技成果有效转化为技术标准，首先采用系统化方法识别其内在的规律，进而形成科学的转化方法。

第一节　系统化研究方法

　　科技成果转化为技术标准是一项系统工程，具有影响因素多、利益相关方多、时间链条长、见效相对较慢等特点。只有完整识别与此转化活动关联性较强的相关要素及其关联关系，才能更加高效地开展科技成果转化为技术标准工作。

　　本书提出科技成果转化为技术标准的系统化方法。该方法主要包括科研—标准—产业（工程）"三位一体"工作思路、科技成果转化为技术标准的"全流程对接"工作模式，以及其中所蕴含的技术标准体系构建的"综合标准化"方法、标准化管理 PDCA 循环等。

科技成果转化为技术标准的过程，应置于标准化全过程中去考量。

《中华人民共和国标准化法》规定标准化工作的任务是制定标准，组织实施标准，以及对标准的制定、实施进行监督。标准化工作三大任务是一个有机闭环的整体，科技成果转化为技术标准的实际效果，必须通过标准实施得以体现，并在标准实施监督的过程中发现问题进而进行改进提升。将科研—标准—产业（工程）"三位一体"理念融汇于标准化三大任务全过程中，使标准化前端延伸至科技研发环节，后端对接至产业（工程），极大地丰富了标准化工作的内涵。

一、科技研发与标准研制的关联路径

技术标准是科技成果的一种载体形式。标准中所蕴藏的"能量"一部分来自先进的科技成果，一部分来自协商一致的经验总结，科技创新和实践经验是标准不可或缺的知识源泉。GB/T 20000.1—2014《标准化工作指南　第 1 部分：标准化和相关活动的通用术语》关于"标准"的定义中注明："标准宜以科学、技术和经验的综合成果为基础"。

长期以来，我国标准化工作与科技研发工作一直处于相对独立的状态。一方面，科技研发人员更关心研发项目本身，更重视科技成果的示范、鉴定、产品转化、市场销售等，以此作为研发项目完成的标志，整个研发过程中较少关注标准化的需求，从而制约了科技成果向技术标准的转化，限制了科技成果在更大范围内的推广应用；另一方面，标准化三大任务的启动和运行则是侧重于填补标准体系的空缺、市场的需求，更侧重专家经验对标准制定的支持。这两方面的惯性思维，在一定程度上割裂了科技研发与标准研制的联系，使两者长期以来处于各自为战的状态。

技术标准之所以能够在一段时间内起到规范市场秩序、引领产业发展、促进科技进步的作用，很重要的原因就在于其承载了先进的科学技术，能够为未来技术发展提供框架指引。因此，研究构建科技成果转化为技术标准的模式方法，很重要的一个方面就是要建立科技成果转化为技术标准的意识，理顺科技研发与标准研制的关联路径，将科研—标准—产业（工程）"三位一体"的理念融汇于标准化三大任务全过程中，实现技术标准与科技研发的无缝连接，实现两者的互动支撑、融合发展。

二、科技成果转化为技术标准的内涵

将科研—标准—产业（工程）"三位一体"的理念融汇于标准化三大任务全过程中，有助于对科技成果转化为技术标准的理解更加清晰、准确。一项科技成果能够在更大范围、更深层次上发挥作用，一个重要因素是通过标准化达到协商一致，即全产业链相关各方达成共识，从而促进贸易、交流以及技术合作。科技成果转化为技术标准促使科技研发与标准研制相辅相成，标准制修订过程中的协商一致理念势必会传导到科技成果的形成过程中，进一步丰富了科技成果转化为技术标准的内涵。

科技成果形成过程中，考虑众多边界约束、众多利益主体的权重，在深层次上将科技成果的形成过程与标准的协商一致对接和联动，可实现科技研发既建立于"标准之基"，科技成果的形成又能够不断夯实"标准之塔"。

三、科技成果转化为技术标准的目标

将科研—标准—产业（工程）"三位一体"的理念融汇于标准化三大任务全过程中，有助于科技成果转化为技术标准的目标更加聚焦。科技成果转化为技术标准，在于将科技成果承载的先进技术通过协商一致的过程凝练形成满足市场实际需求的高水平技术标准，进而发挥其对经济社会发展的支撑作用。

为更好实现科技成果转化应用，不能单纯依靠单一的成果鉴定、示范工程、论文、专利等成果形式，也不能单纯依靠成果销售、作价投资、转让、成立投资公司等看得见的商业行为或可视化、可量化的合同额，而是要依托系统性的机制和方法，源源不断地将科技成果转化为适用、先进的技术标准，助推科技成果发挥最佳综合效益。

四、科技成果转化为技术标准的着力点

将科研—标准—产业（工程）"三位一体"的理念融汇于标准化三大任务全过程中，科技成果转化为技术标准的着力点将是面向科技成果的形成过程。

科技成果的形成是一个从无到有、从有到优、迭代升级的渐变、优化、持续完善的动态过程。正是这个动态过程，才有可能将标准科学性及协商一致性的两翼传导到形成科技成果的全流程中，引导科技成果在全流程中持续实施"先进的科学技术指标尽可能更大范围地协商一致"，实现科技研发既基于现有标准基础上开展，又瞄准能够形成更高标准、产生更大生产力贡献的产出过程。

当然，并不是所有科技研发最终都需要形成技术标准，也就是说不是所有的科技研发工作都是以制定标准为目标的。科技成果是否需要形成技术标准、是否能够形成技术标准、需要何时形成技术标准、需要形成多少技术标准以及形成哪类技术标准，需要综合考虑产业发展、市场需求、科技成果成熟条件等多方面因素。这是本书需要特别强调之处。

第二节　"三位一体"工作思路

将科技成果转化为技术标准置身于科研、标准、产业（工程）三类紧密联系的元素中进行统筹设计，形成科研—标准—产业（工程）"三位一体"工作思路，可实现三类元素的"一体化"协同推进。

一、"三位一体"基本原理

科技成果转化为技术标准，重在标准的实施。本书提出科研—标准—产业（工程）"三位一体"的工作思路，结合标准化三大任务，在科技成果转化为技术标准的过程以及技术标准的实施过程中统筹

考虑技术导向、产业特点和市场需求，将大大提升科技成果转化为技术标准的效率、精准性、时效性、适用性和经济性等方面的效果，为科技成果转化为技术标准的各项活动提供科学指引。

科研、标准、产业（工程）三个元素需耦合交织、互动协同而共同发挥作用，"三位一体"工作思路实质上就是要实现科研、标准、产业（工程）三者之间的供需平衡。在国家经济发展层面，供需平衡体现为国家整体性供给和整体性需求间的系统性平衡问题，要解决并实现供需平衡，重点在于供给侧结构性改革。本书提出的科研—标准—产业（工程）"三位一体"工作思路可看作是基于国家经济发展层面的供需平衡理论自上而下的逐层渗透和实践运用。若将产业（工程）视为需求侧，那么标准即成为支撑产业（工程）发展的供给侧；若将标准视为需求侧，那么科研就变身为标准的供给侧。因此，为满足产业（工程）高质量发展需求，就需要进行科研、标准环节的体制改革和机制优化，并实现两者全过程的有机协调和高效互动，即"全流程对接"。"全流程对接"是本书所述科技成果转化为技术标准的核心工作模式，在第四章将对其进行详细介绍。

基于供需平衡理论，"三位一体"工作思路有其深刻的理论基础和实践内涵。"科研—标准"互动、"标准—产业（工程）"互动、"科研—产业（工程）"互动等模式，都是"三位一体"工作思路在不同场合、不同维度的具体应用，"三位一体"中的三个元素需要系统化协同发展、不可或缺。任何割裂的实践活动都将是不完整的。对于大多数行业和企业而言，科技研发、标准研制、产业发展（工程建设）通常是不同的三类活动，科技研发形成的众多理论模型、技术建议、技术方案、技术要求等，在很多场合下并不能直接有效地指导产品制造或工程建设。尤其是对于大规模应用的、存在多利益主体的产业或工程项目，借助协商一致的标准作为桥梁纽带，恰恰可以打通科研与产业（工程）间的连接渠道，达到最佳综

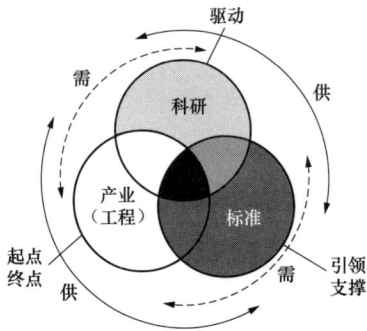

图 3-1 科研—标准—产业（工程）"三位一体"工作思路的原理示意图

合效益。

二、"三位一体"的层次含义

科研—标准—产业（工程）"三位一体"工作思路的原理示意图如图 3-1 所示，它是从逐次递进、螺旋上升的角度阐述科研、标准、产业（工程）三者协同发展进而实现最佳综合效益的一种模型。该模型包括 10 个层次的含义：

第一层含义：每个元素的发展都不是孤立的，也不能抛开另外两个元素而孤立发展。

第二层含义：每个元素和另外两个元素都有交集（互动）。

第三层含义：三个元素协同发展是实现每个元素发展目标的最佳模式。

第四层含义：三个元素协同发展的模式来自众多实践，既经受众多实践的检验，又高于众多实践，并非仅仅是一种理论。

第五层含义：三个元素的协同可从任意一个元素开始。

第六层含义：三个元素的协同可通过科研→标准→产业（工程）的顺时针顺序进行，也可通过产业（工程）→标准→科研的逆时针顺序进行。每种顺序有不同的特点和不同的适用范围。

第七层含义：三个元素的协同包括局部和整体。局部的协同是指每个元素既可以是起点，又同时是终点；整体的协同是指起点和终点均为产业（工程），也就是说科研和标准终究是为产业（工程）发展服务的，为经济社会发展服务的。需要注意的是，这里产业（工程）是一个大概念，泛指促进经济社会发展的所有活动。

第八层含义：三个元素协同形成的成果具有继承性，可为更高质量目标下的三个元素的协同奠定基础。

第九层含义：三个元素整体协同过程中，标准的主要功能为引导科研方向，支撑产业（工程）发展（建设）；科研的主要功能为在源头上提供驱动力和技术资本；产业（工程）的主要功能为激励触发"三位一体"工作思路运转，并检验"三位一体"工作思路的最终成效。

第十层含义：三个元素协同有外循环和内循环之分。外循环为由产业（工程）发展（建设）需求所触发的"三位一体"循环整体向新的产业（工程）发展（建设）需求循环迭代的过程；内循环为"三位一体"循环满足某一个阶段的产业（工程）发展（建设）需求的过程。外循环和内循环均包括局部和整体的两种协同。外循环和内循环相辅相成，互为支撑。

"三位一体"工作思路，在狭义上仅指三个元素的公共交集区域（图 3-1 中的黑色区域）以及三个元素都参与的互动协同过程。而本书所述为"三位一体"的广义思想，并不局限于三个元素的公共交集区域，而是符合上述十层含义所表述的三个元素的完整区域，以及任意两两元素、三个元素之间的全部静态和动态交互的过程。

当然，根据"三位一体"工作思路，在实施层面，三个元素的公共交集区域有其重要而又特殊的作用。这个公共交集区域是"三位一体"工作思路成立的前提条件，只有三个元素在客观上确有交集，才有必要运用"三位一体"工作思路，促进科研、标准、产业（工程）的良性高效运转。但如某些产业、行业或专业领域，三者根本没有交集，不论是狭义的"三位一体"还是广义的"三位一体"，都将失去其思想成立的基础而无法"一体化"，也没必要"一体化"。此时，三个元素的独立运行反而更符合其行业特点。

并非所有的行业中科研、标准、产业（工程）都会有公共的交集，但大多数行业符合三者具有交集的特点。本书重点研究科研、标准、产业（工程）三个元素确有共同交集的情况。随着创新驱动发展战略的实施，越来越多的产业、行业或专业领域中，科研、标准、产业（工程）呈现公共交集的趋势越来越明显，三个元素公共交集的深度（交集区在元素区域中的占比）不同，科研—标准—产业（工程）"三位一体"工作思路在实施层面上的工作模式，以及科技成果转化为技术标准的工作模式也会明显不同。

三、"三位一体"在电力行业的应用

电力系统时刻都要保持能量的供需平衡，也就是说对于负荷侧（需方）的用能需求，电源侧（供方）应及时、精准地完成供给。可以将科研、标准、产业（工程）与电力行业中电流、电压、能量这三个物理量进行类比，用来说明供需平衡的关系。

由于科技创新可供给先进的技术，因此可将科研类比为电源侧的电流。标准可将科技创新的力量有效储备起来，并在较长一段时间内、更大的空间范围内持续输出和应用，因此可将标准类比为电源侧的电压。产业（工程）可为生产力发展提供直接支撑，可类比为能量，具有终端负荷的特性。

标准所需的技术缺口是多少，科研就应供给多少。科技创新是第一驱动力，通过标准这一载体，瞄准产业（工程）所需，确保标准"电压"与科研"电流"共同作用，为产业（工程）提供精准、及时的"能量"支撑。

产业（工程）所需的标准缺口是多少，标准就应供给多少。不同类型的标准，其"储能"特性各不相同。电力行业中不同技术领域的产业（工程）特点不同，对不同类别标准的需求也各不相同，因此需要对技术标准进行体系化设计，根据不同产业（工程）的不同"能量"需求，及时提供适宜且充足的技术标准（能量源）。

作为"负荷侧"的产业（工程）能够得到最佳能量的前提，是"负荷侧阻抗"应与"电源侧阻抗"相匹配。因此，科研与标准的最

佳协调模式是两者实现内部全流程的充分联动，不能割裂，确保科研"电流"和标准"电压"的"电源侧阻抗"与产业（工程）的"负荷侧阻抗"相匹配。

通常情况下，科技创新或科研工作只是一个笼统的概念，往往外在体现为具体的科技项目、科学实验等活动。一个科技项目产出的技术成果，很大程度上并不足以支撑一项标准的制定或修订，而是需要综合多个项目的成果共同产出一项标准；或是一个科技项目，往往会对多项标准的制修订做出贡献，为标准的某一条款或要求提供技术依据。这主要是因为科技项目的攻关方向及其预期成果与标准需要解决的问题并非严格一一对应关系，除非科技项目本身就是为了制定或修订某项（或几项）标准而设立的。科技项目的设立，一般都是聚焦解决一个或一类技术问题，而标准研制或是一个标准体系的建立，往往是围绕某一行业领域或产业发展方向而展开的。因此，科研与标准整体呈现的是一种"模糊""混沌"的互动支撑、融合发展关系，不能简单机械地将产出标准作为科技项目的预期目标。正确的做法应该是在充分考虑产业发展和市场需求的前提下，对科技项目是否需要并能够产出标准成果进行严格的论证，并且在项目执行过程中允许对目标进行适时调整以保持成果最优。由此形成科研、标准、产业（工程）三者的良好互动关系，也就是形成以某一行业领域或产业发展方向为牵引的科研集合与标准集合间的良性互动。这是科研—标准—产业（工程）"三位一体"工作思路的核心。

第三节　技术标准体系构建的综合标准化方法

本书所述"三位一体"工作思路中的标准，并非仅指单项标准或小的标准集，在很多情况下应是一个大的标准集合，也就是标准体系的概念。在系统化理念下，采用先进的综合标准化方法构建技术标准体系（标准综合体），是本书所倡导的方法。

一、综合标准化基本原理

综合标准化是一种标准化方法。与传统标准化相比，综合标准化最显著的区别是其工作重点不是以单纯制定标准或以标准的累积和叠加为目的，而是以解决某一技术领域发展过程中的重大技术、标准、产品、产业问题为目标，采用系统化思维，整体协调，系统布局，建立标准综合体，并按照 PDCA 的工作方法有序提升该技术领域整体质量的过程。简单地说，解决综合性问题是它的目的，成套性是它的突出特点。

首先，综合标准化不是以制定标准为目的，而是以解决问题为目的。综合标准化不笼统地要求所有标准都要高水平，而是主张适用性，追求标准之间相互关联、相互协调，形成一个最佳的有机整体。也就是说，综合标准化不是刻意地追求单项标准最佳，而是追求标准系统整体最佳。

其次，综合标准化所要解决的问题不是个别的、孤立的简单问题，而是整体地解决复杂的综合性问题。综合性问题之所以复杂，就是因为相关联因素较多而且千头万绪，要整体地解决就必须把它们的关系梳理清楚，必须有针对性地制定一整套标准才能解决问题。

综合标准化是标准化发展到一定阶段的产物，是标准化实践经验的总结。综合标准化所蕴含的与传统标准化不同的原则、方法和特点，实际上都是系统化理论的映射。综合标准化不仅是标准化的新方法，而且是一种科学的方法论。综合标准化的方法论的三块基石是目标导向、系统分析和整体协调。

（一）目标导向

综合标准化是以解决问题为目的，而它所要解决的不是孤立的局部或部分问题，而是系统地处理综合性问题。也就是说，综合标准化要处理的是一个由诸多部分构成的整体性问题。针对这类整体性问题开展的综合标准化，必须把相关标准组织成一个有特定功能的有机整体，也就是要建立一个标准系统，发挥系统的作用。该系统称为标准综合体。从方法论层面来说，首要的是要明确构建标准综合体的目标，并且以目标为先导，引领标准化全过程。目标导向是综合标准化方法论的重要基石。标准综合体中不论包括多少标准，它们都分别承担着为确保总目标实现的分目标任务，从而实现标准化系统工程的整体效能。

（二）系统分析

系统分析是系统工程的主要方法。它是把要解决的问题视为一个系统（整体），对系统元素进行综合分析，找出解决问题的可行方案的方法。系统分析的对象是整个系统，这和综合标准化的对象是一致的。系统分析是以系统整体效益为目标，寻求解决特定问题的最佳可行方案，为决策者提供判断的依据。系统分析的这些特点和功能，特别适用于综合标准化。

（三）整体协调

整体协调的实质就是整体优化。协调是方法，优化是目的。它是从系统整体的立场出发，运用系统优化方法，全面掌握系统内部各要素之间以及系统与外部环境之间的关联关系，使系统整体达到最佳状态。系统论的原理表明"把孤立的各组成部分的活动性质和活动方式简单地相加，不能说明高一级水平的活动性质和活动方式"，要"从事物的关系中、相互作用中发现系统的规律性"。系统的整体性是系统的最基本特征，重视系统的整体性，其目的是要获得最佳的整体效益。通过整体协调，使针对综合标准化对象及其相关元素所制定的全套标准形成一个互相支持、互相配合的有机性整体。

运用综合标准化方法，一般包括准备阶段、规划阶段、标准制定阶段、标准实施阶段四个阶段。在准备阶段，选择合适的综合标准化对象；在规划阶段，坚持目标导向、系统分析、整体协调的原则构建标准综合体；在标准制定阶段，有可能对原定的工作计划和标准内容进行局部调整，但要保证标准综合体的总体功能、总体目标不受影响，各相关方向、领域、系列、类、具体标准之间协调配合，国家标准、行业标准、地方标准、团体标准、企业标准之间有机统一；在标准实施阶段，需要聚焦在评估所制定的标准是否能够发挥应有作用或者达到了原来预期的目标，需要考核总体目标的实现程度，需要分析标准综合体拟解决问题的解决程度如何。

二、电力行业综合标准化特点

经典综合标准化主要面向的是"产品"。而电力行业中的重大科技成果往往涉及重大工程或产业方向，在技术性能上很多情况下也不是完全从零开始，相关标准也不是断代式的"型号"标准。因此，在电力行业的有关技术标准体系构建中运用综合标准化方法，与经典综合标准化实践既相同又存在差异，是对经典综合标准化方法的继承和发展。

电力标准综合体规模大，涉及标准类别多。电力行业的综合标准化对象，往往涉及标准类别和数量较多，标准综合体体量较大。对于如智能电网等覆盖技术领域多、国际/国家/行业/团体/企业标准类别齐全、标准数量数以百计甚至以千计的综合标准化对象，应用综合标准化方法的难度和挑战巨大。整体规划国家标准、行业标准、团体标准、企业标准布局，是电力行业一向贯彻的标准化思路。但即使有明确的标准规划的整体策略，在电力行业要很好地完成不同类别标准之间的评估和规划也是一项协调难度极大的工作。

电力标准综合体技术难度大，创新占比高。电力行业的标准综合体，对科技创新的要求越来越高，技术难度越来越大，越来越多的技术攻关需要依托国家重大科技计划、国家重点研发计划等国家级科技攻关项目来完成。同时，电力行业的标准综合体和经典综合标准化的实施对象差异较大，在标准综合体的建设实施周期内，很有可能面临新的标准（群）的规划和研制需求，不同标准综合体之间也存在诸多交叉，科技攻关周期逐渐缩短、频度加快。因此，在电力行业开展综合标准化，由于科技创新的元素占比越来越高，就更加需要科研与标准的深度协同，否则将会造成巨大的资源浪费，导致技术经济的综合效益大打折扣。

电力标准综合体对工程（产业）依赖性强，实施反馈周期长。电力行业的综合标准化，很多情况下都是围绕重大产业（工程）需求而开展的。从实验室样机、示范工程到普遍推广，一般需要短则几年长则 5 年以上，有些功能和性能要求需要在工程运行较长时间后才能真正得到检验。因此，部分技术标准的论证和研制过程需要更加谨慎，相关标准的更新和优化过程会持续较长时间，就更加需要科研、标准、产业（工程）的"一体化"推进。电力行业许多重大工程（比如特高压输电工程）本身就是一个庞大复杂的标准综合体的建设实践过程。

电力标准化对象结构由静态向动态转化，标准化工作的系统性更强。历经百年的电力系统发展模式，正在由"源随荷动"逐渐向"源网荷储互动"转化，电力系统的运行机理、拓扑结构等与传统电力系统的差异愈加明显。而对于电力系统整体或局部，尤其是对电力电子化装备所在的局部电力系统而言，标准化对象的结构也在由静态向动态转化，拓扑结构变化的时间尺度越来越小，同时还伴随着巨大的能量交互转移。对于具备这种特点的标准化对象，如何构建电力系统整体层面的标准综合体，如何实践综合标准化的目标导向原则，这在标准化工作中是一项全新的挑战，对于综合标准化方法来说，也是一个重大挑战。

第四节　科技成果转化为技术标准的 PDCA 循环

针对科技成果转化为技术标准和技术标准体系构建的过程，

本书在时间维度和质量管控上借鉴了先进的 PDCA 循环管理方法。按照 PDCA 方法开展科技成果转化为技术标准工作的过程管理，实现技术标准和科技成果向产业（工程）提供持续的高质量支撑，促进科技成果借助技术标准实现向现实生产力的螺旋上升式转化。

一、产业（工程）更新

一般情况下，可以将产业（工程）看作是"三位一体"工作思路运转的起点和终点。在某种程度上，产业（工程）的发展需求，就是来自社会生产力的发展需求。因此，当某一个产业（工程）有了较强烈的发展需求后，科研—标准—产业（工程）"三位一体"工作思路的资源投入和运作便有了极其明确的质量管控目标，也就是标准的研制是否满足产业（工程）的标准化需求，科研的攻关是否满足产业（工程）的技术突破需求，科研攻关与标准研制联动是否满足科研支撑标准研制和标准引领科研攻关的双重需求。在"三位一体"工作思路实施过程中，又会因科研攻关的突破、技术标准的研制/应用的推进而催生出新的产业（工程）需求。因此，不论从建设规模、适用场景、承载力等哪个维度对产业（工程）提出新需求的反馈，PDCA 质量管控循环都会因此而触发运转。

产业（工程）的更新所触发的质量管控循环是外循环，而技术和标准的更新则会触发内循环。外循环和内循环各有差异、互相支撑。借助技术标准这一载体形式，在满足科技成果高效率转化为现实生产力的基础上，持续凝练、孕育、孵化，将产业（工程）规模做大、质量做强，使科技含量更高、建设运行更规范、发展更持久稳健，这是科技成果转化为技术标准的更高等级的质量管控目标。

从外循环角度看，产业（工程）的更新需求，将在现有产业（工程）建设和发展基础上，带动和发起新一轮的生产力提升任务。这也是电力行业的产业（工程）更新的一个典型特色。即某专业领域内产业（工程）的质量提升（规模、水平、服务范围等）离不开前一次产业（工程）的生动实践，高效率继承已有经验，同时又是在前一次产业（工程）实践基础上进行科学合理的改进。从内循环角度看，产业（工程）更新将同时触发"需要形成什么样的标准"和"需要开展哪些方面的科研攻关"两个任务，将 PDCA 质量管控的提升需求传递至"三位一体"工作思路的全部业务活动。外循环与内循环的有机协调统一，将推动科研—标准—产业（工程）"三位一体"工作思路有序实施，实现一个又一个产业（工程）高质量发展目标。

二、技术更新

技术更新时，对应的技术标准也应及时更新。将更新的技术通过协商一致流程及时纳入技术标准，以提升技术标准质量和适应性，这也是科技成果转化为技术标准的一个质量管控过程。伴随着技术的不断更新迭代和转型升级，技术标准也应伴随技术更新进行及时的更新和完善。科技成果的形成本身是一个动态过程，确定某一科技成果具备可转化为技术标准的条件后，在开展技术标准制定的过程中，当科技成果中的技术特性发生变化和技术水平提升时，需要对原先协商一致形成的技术标准参数、条款等核心内容进行及时调整，必要时重新立项制定新的技术标准。

另外，技术更新带动标准、产业（工程）的联动更新，将会保证技术和经济的最佳综合效益处于"线上、实时"状态而非"离线、非实时"状态，同时还可从技术的角度提出培育新一轮产业（工程）需求。技术更新的内循环可推动产业（工程）的外循环科学运转，在稳步实现内循环的质量控制目标的同时，不断形成外循环的质量提升需求，按照 PDCA 质量管控模式，更大比例上实现科技成果科学地而非盲目地转化为技术标准。

三、标准实施

标准的价值在于实施。标准所承载的先进技术要发挥作用，也只有在标准实施中方能体现。针对技术标准实施过程中出现的问题，要结合实际情况对技术标准进行及时的优化调整，这就要求建立完善的技术标准全寿命周期管理制度。

即使在科技成果的技术特性相对稳定的阶段，对于凝练形成的技术标准在指导实际业务过程中，也会存在因不适应而需要修改完善的情况。在标准的制修订过程中，通过协商一致已经尽可能协调解决各方问题，但是在真实的业务场景中，真正检验标准有效性的不仅仅是协商一致的过程管理，而是来自标准的应用，要看标准实施带来的实际效果。对于科技成果转化而形成的技术标准，检验其转化质量如何，最具发言权的还是标准的实施环节。

在确保标准有效实施后，对于标准实施中暴露出的问题应及时解决，对技术标准进行优化调整。必要时，需针对标准实施中暴露出的技术性问题，重新谋划设立科技项目开展攻关，确保科技成果转化为技术标准的高质量迭代。

第四章

科技成果转化为技术标准工作模式

要高质量开展科技成果转化为技术标准活动，就需要科学识别活动的起点、终点、中间环节的关联关系，以及输入、输出要求。第三章论述说明，科技成果转化为技术标准的活动不是仅局限于科研与标准两者之间，而是存在于科研—标准—产业（工程）"三位一体"完整过程中的一个重要环节。本章在说明实施"三位一体"的工作流程的基础上，重点对科技成果转化为技术标准的"全流程对接"模式方法进行阐述。

第一节   "三位一体"工作流程

按照第三章所述"三位一体"工作思路，科技成果转化为技术标准的过程一般可以认为起点于产业（工程）的发展（建设）需求，终点于产业（工程）的发展（建设）目标。"三位一体"工作思路在实施层面的组成环节和环节间的关联关系，直接影响着科技成果转化为技术标准工作模式的组成环节及环节之间的协调匹配关系；"三位一体"工作思路在实施层面的目标，也直接影响着科技成果转化为技术标准活动的目标。

本节具体阐述"三位一体"工作思路在实施层面的概念模型和流程框架、实施环节和 PDCA 过程。

一、"三位一体"概念模型和流程框架

科研—标准—产业（工程）"三位一体"工作思路在实施层面的概念模型和流程框架是"三位一体"工作思路和 PDCA 方法的实

71

践基础。

（一）概念模型

科研—标准—产业（工程）"三位一体"工作思路在实施层面的概念模型如图 4-1 所示，包括产业（工程）、科研、标准三个元素区域及若干子区域。每个元素区域与另外两个元素区域之间均为双向的供需关系。每个元素区域由若干子区域组成，子区域包括三个元素的交集区、任意两元素间的交集区（扣除三个元素的公共交集区）以及各元素区域扣除其与其他两元素交集区之后的所有区域，任意两个子区域不存在交集。"三位一体"工作思路在实施层面涉及的全部区域就是这三个元素区域之和，同时也是所有子区域之和。

在图 4-1 中，子区域数量为 7，分别为 A 产业（工程），B 标准，C 科研，D 产业（工程）—科研，E 科研—标准，F 标准—产业（工程），G 科研—标准—产业（工程）。产业（工程）元素区域包括 A、F、G、D 共 4 个子区域，标准元素区域包括 B、E、G、F 共 4 个子区域，科研元素区域包括 C、D、G、E 共 4 个子区域。

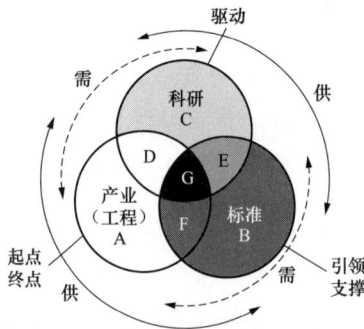

图 4-1 "三位一体"工作思路
在实施层面的概念模型

由图 4-1 可以看出，科研、标准、产业（工程）这三个元素在实施层面紧密联系。在第三章中提到，科研、标准、产业（工程）三个元素互有交集，是应用"三位一体"工作思路的前提条件。图 4-2 给出了在实施层面下，三个元素的交集子区域 G 不同占比情况下的"三位一体"工作思路的概念模型。根据 G 子区域大小的不同，在实施层面上"三位一体"工作思路以及科技成果转化为技术标准的工作模式也有所不同。本书重点关注 G 子区域占比比较大的情况，主要有两方面原因：一是当前很多行业领域中科研、标准、产业（工程）的交集区客观上占比都较大；二是科研、标准、产业（工程）的交集区占比逐渐增大（融合力度加强）也是发展趋势。对于 G 子区域占比很小的情况，两两元素间都可以适度解耦，无需强行统筹三个元素而生硬地应用"三位一体"工作思路。

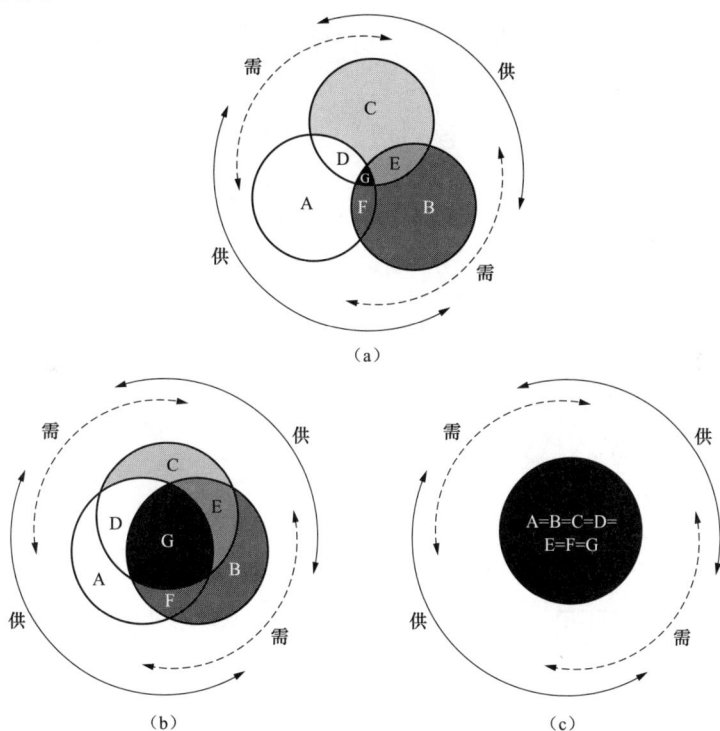

图 4-2　在实施层面下"三位一体"工作思路的概念模型（G 占比不同）
（a）G 占比较小（浅度交集）；（b）G 占比较大（深度交集）；（c）G＝100%（全交集）

（二）流程框架

以图 4-1 为基础，在 G 子区域占比较大的情况下进行论述，从元素区域和子区域两个角度说明科研—标准—产业（工程）"三位一体"的工作流程。

以三个元素区域为对象的"三位一体"工作思路的流程框架如

图 4-3 所示，包括三个元素区域多种形式的互动过程。工作流程从产业（工程）需求即产业（工程）元素区域开始，每个元素在经历前期、中期、后期三个阶段工作的同时，也与另两个元素发生着深刻的"全流程对接"，三个元素共同参与的科研—标准—产业（工程）"全流程对接"也在同步开展，最后在内循环 PDCA 和外循环 PDCA 的迭代中，实现产业（工程）的发展（建设）目标。包括产业（工程）—科研"全流程对接"、科研—标准"全流程对接"、标准—产业（工程）"全流程对接"和科研—标准—产业（工程）"全流程对接"四类对接活动。"全流程对接"的内涵将在第二节详细介绍。

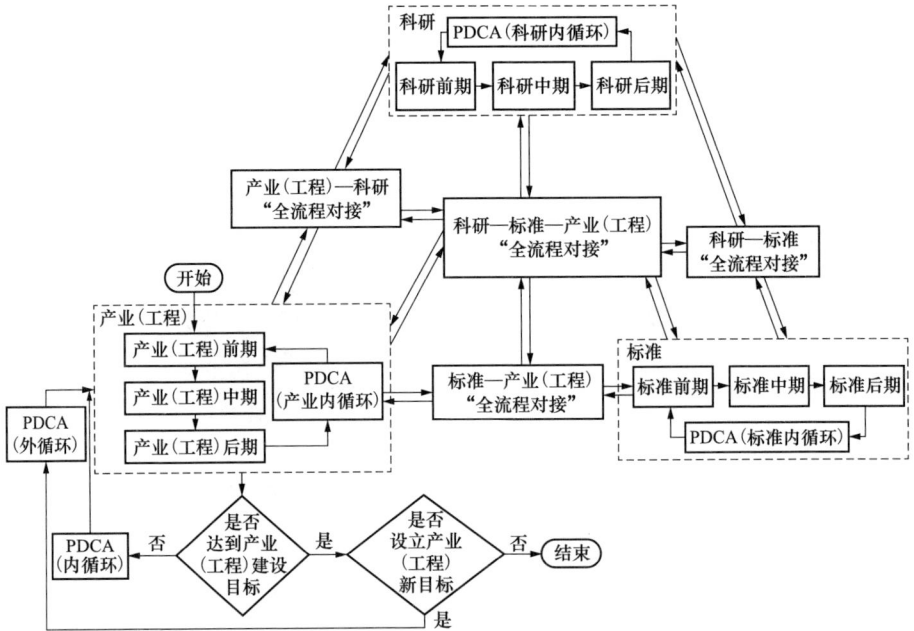

图 4-3　"三位一体"工作思路的流程框架（以三个元素区域为对象）

以子区域为对象的"三位一体"工作思路的流程框架如图 4-4 所示，包括 7 个子区域的多种形式的深度互动。工作流程从产业（工程）的发展（建设）需求即 A 子区域开始，历经 D、E、F 三个子区域的两两元素双向交互（互为供需）、G 子区域的三个元素共同交互（互为供需），带动 A、B、C 三个子区域之间的深度协同和双向互动，实现 A、B、C、D、E、F、G 所有 7 个子区域的整体性协同，最后在内循环 PDCA 和外循环 PDCA 的迭代中，实现产业（工程）发展（建设）目标。

　　以元素区域为对象的流程框架和以子区域为对象的流程框架的理念是一致的，以元素区域为对象的流程框架相对宏观，适用于"三位一体"工作思路迭代循环的初期；从子区域的角度给出的流程框架相对容易操作，但是从元素区域到识别子区域的过程不是一蹴而就的。当完成子区域的识别或者子区域的边界越来越清晰时，可应用图 4-4 以子区域为对象的流程框架。以下重点说明科研—标准—产业（工程）"三位一体"工作思路在实施层面的工作环节和 PDCA过程。

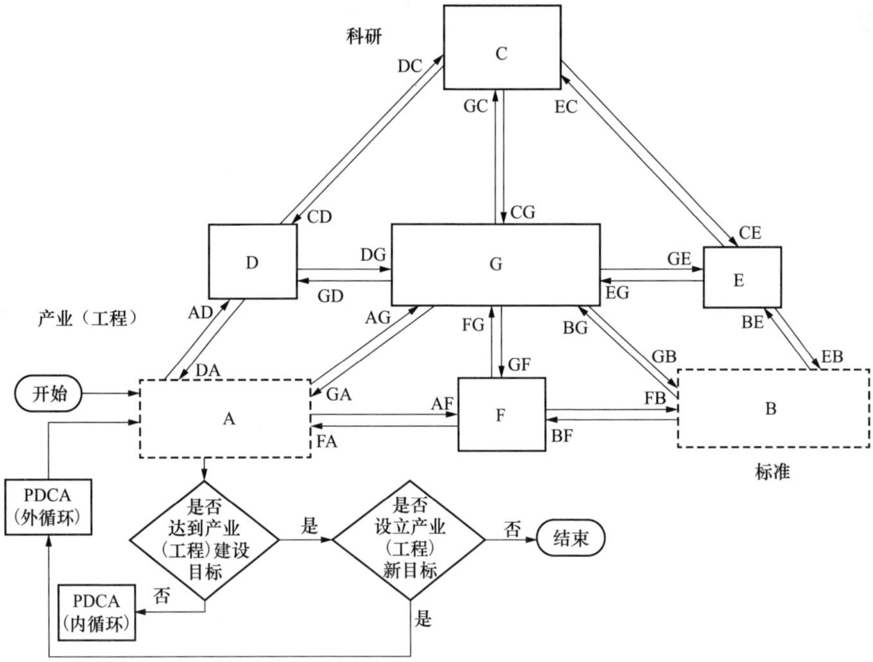

图 4-4　"三位一体"工作思路的流程框架（以子区域为对象）

二、"三位一体"工作思路的实施环节

科研—标准—产业（工程）"三位一体"工作思路在实施层面主要包括三个环节，一是产业（工程）作为需求，科研和标准作为供给，涉及产业（工程）—科研"全流程对接"、产业（工程）—标准"全流程对接"及科研—标准—产业（工程）"全流程对接"三种模式；二是科研和标准互为供需，涉及科研—标准"全流程对接"、科研—标准—产业（工程）"全流程对接"两种模式；三是产业（工程）作为供给、科研和标准作为需求，涉及产业（工程）—科研"全流程对接"、产业（工程）—标准"全流程对接"，以及科研—标准—产业（工程）"全流程对接"三种模式。

下面以"三位一体"工作思路的概念模型和流程框架为基础，对上述三个环节进行逐一说明。

（一）产业（工程）发展需要标准供给和科技攻关

作为科研—标准—产业（工程）"三位一体"工作思路落地实施的第一环节（如图 4-5 所示），产业（工程）需求传递至科研和标准两个元素的主要过程如图 4-5（a）~图 4-5（d）所示。图 4-5 中点状标识的区域代表当前处于"激活"状态的元素区域或子区域。在后续图例中，都将采用这样的标识方法。

1. 启动"三位一体"工作思路

科研—标准—产业（工程）"三位一体"工作思路，在实施层面上是从产业（工程）需求开始的，产业（工程）元素区域被"激活"，如图 4-5（a）所示。三个元素瞄准产业（工程）需求，经历多次内循环、外循环的 PDCA 迭代过程，最终实现产业（工程）发展（建设）目标，实现对经济社会发展的贡献。

2. 产业（工程）提出科研和标准需求

从产业（工程）元素区域萌生发展（建设）需求，到识别其中哪些子区域有科技攻关的需求，哪些子区域有标准研制的需求，哪些子区域是科研、标准、产业（工程）都有需求，即精准识别图 4-5

（b）的 A、D、F、G 这 4 个子区域，是一次研判科技研发和标准研制方向的过程。要在紧密结合产业（工程）发展（建设）需求的基础上，综合开展科技研发和标准研制工作。对科技研发和标准研制而言，每一个元素既不是孤立的，也不是仅仅和另外一个元素简单互动，而是应将科研、标准、产业（工程）三者有机结合在一起进行统筹考虑和分析。

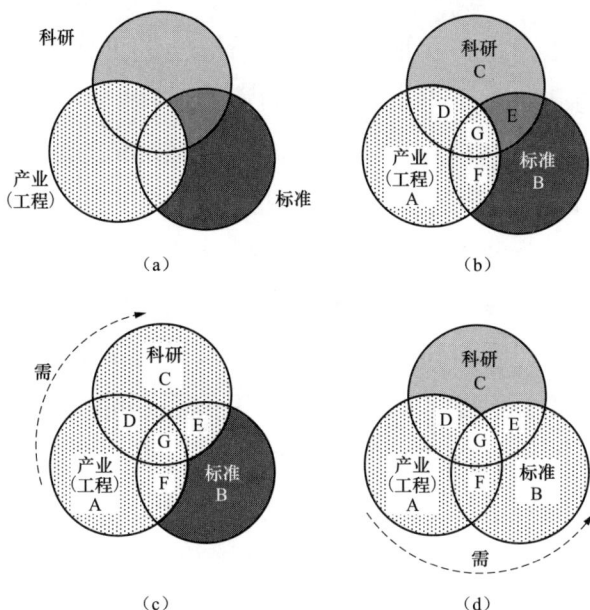

图 4-5　"三位一体"工作思路实施的第一环节

（a）产业（工程）发展（建设）需求；（b）识别产业（工程）的若干子区域；

（c）产业（工程）需求传导至科研；（d）产业（工程）需求传导至标准

3. 产业（工程）分别与科研和标准联动

完成 A、D、F、G 这 4 个子区域的识别后，便具备了将产业（工程）需求传导至科研和标准两个元素区域的条件，分别如图 4-5（c）和图 4-5（d）所示。图 4-5（c）中"激活"的区域由产业（工程）转变为产业（工程）和科研区域，图 4-5（d）中"激活"的区域由产业（工程）转变为产业（工程）和标准区域。需要说明的是，本书在单箭头虚线上标识"需"，其含义为"虚线无箭头端的元素"作为"虚线有箭头端的元素"的需求侧，向"虚线有箭头端的元素"提出需求、传递需求。

图 4-5（c）中，产业（工程）作为科研的需求侧，将产业（工程）需求通过两者交集的子区域 D 和三者交集的子区域 G 传导至科研元素区域 C；这一输入将科研元素区域"激活"，明确科研元素区域的活动目标是满足并实现这一输入所提出的工作要求；这一传导活动需要协调产业（工程）和科研的管理过程。

图 4-5（d）中，产业（工程）作为标准的需求侧，将产业（工程）需求通过两者交集的子区域 F 和三者交集的子区域 G 传导至标准元素区域 B。产业（工程）传导至标准的相关需求，被"翻译"为标准化需求，直接作用于基于综合标准化方法构建标准综合体的过程中。该过程对于科技成果转化为技术标准来说意义重大，就科研—标准—产业（工程）"三位一体"工作思路而言，科技成果转化为技术标准并不是望文生义的"先有成果，再考虑标准转化"的串行模式，而是明确了产业（工程）发展（建设）需要哪些标准，先行确定产业（工程）的标准化需求，后续再通过"全流程对接"的工作模式依托科技研发完成标准研制。

4. 科研、标准、产业（工程）三者联动

产业（工程）向科研和标准传递需求的过程，即图 4-5（c）和图 4-5（d），并不是完全并行，也不是串行的，主要原因就在于子区域 G 的存在。子区域 G 同时具有满足科技攻关和标准研制需求，也可以直接满足产业（工程）需求的特点。子区域 G 的需求传导过程，是"三位一体"工作思路实施中一个难度较大、迭代频繁的环节。

上述"三位一体"工作思路实施的第一个环节，可精准地识别产业（工程）发展（建设）需求，实现重大技术攻关和高质量标准供给分别向科研和标准两个元素区域的传导。第一环节非常重要，传导至科研和标准两个元素区域的需求，将同时触发启动科研—标准—产业（工程）"三位一体"工作思路实施的第二个环节。

（二）科技攻关与标准研制互为供给

当科研和标准区域分别接收到产业（工程）区域传导过来的工作要求后，"三位一体"工作思路的实施正式开启第二个环节，如图4-6所示。需要说明的是，本书在单箭头实线上标识"供"，含义为"实线无箭头端的元素"作为"实线有箭头端的元素"的供给侧，向"实线有箭头端的元素"提供资源供给。在后续图例中，都将采用这样的标识方法。

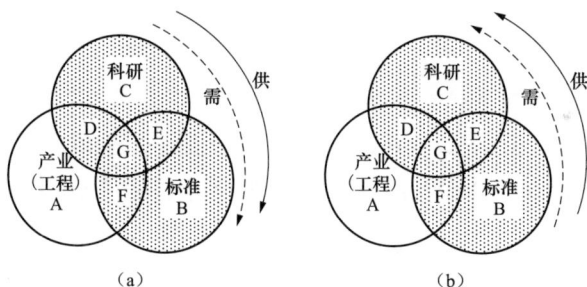

图 4-6　"三位一体"工作思路实施的第二个环节

（a）科研向标准传导需求且为其提供供给；（b）标准向科研传导需求且为其提供供给

1. 科研与标准联动

图 4-6（a）体现了科研元素区域 C 同时作为标准元素区域 B 的供给侧和需求侧的情况。图 4-6（a）中的顺时针虚线部分表示科研元素区域 C 作为需求侧向标准元素区域 B 传导存量标准化基础的需求。图 4-6（a）中从科研到标准的顺时针实线表明科研元素区域 C 作为标准元素区域 B 的供给侧，为需要研制的标准集合或标准综合体提供存量技术供给，即识别需要新增的标准研制任务并为之提供必要的技术基础。

2. 标准与科研对接

图 4-6（b）体现了标准元素区域 B 同时作为科研元素区域 C 的供给侧和需求侧的情况。图 4-6（b）中的逆时针虚线部分表示标准元素区域 B 作为需求侧，将标准化需求"翻译"为需要攻关的技术攻关任务，向科研元素区域 C 传导科技攻关需求，进而策划设立相关的科技项目（包括标准化科研项目）。图 4-6（b）中从标准到科研的逆时针实线表明标准区域 B 作为科研区域 C 的供给侧，为需要的科技攻关任务提供存量标准的高质量供给，即在已有的标准基础上识别需要新增的技术攻关任务，也为新增技术攻关提供知识和技术基础。

3. 科研、标准、产业（工程）三者联动

本书重点关注 G 区域占比较大时的情况，解决方案是采用科研与标准"全流程对接"模式，也就是在科技研发项目和标准研制项目的策划、立项、实施、验收以及后评估的全流程环节中进行全面对接融合，这将在本章后续做详细论述。在实际的对接过程中，图 4-6（a）和图 4-6（b）会发生多次迭代，直到从产业（工程）区域 A 所传递来的标准化需求和技术攻关需求得以满足。

"三位一体"工作思路实施的第二个环节完成后，会触发启动第三个环节。在第二个环节中所完成的科技攻关目标和标准研制目标，需要与产业（工程）进行全面对接，接受产业（工程）的实践检验，以完成三者的首次闭环。根据实际需要可适时启动内循环 PDCA 和外循环 PDCA 过程。

（三）科研和标准成果支撑产业发展

图 4-7 展示了"三位一体"工作思路实施的第三个环节，科研和标准两个元素区域分别与产业（工程）区域实现全面对接。

1. 科研、标准分别与产业（工程）闭环联动

"三位一体"工作思路实施的第一环节，产业（工程）元素区

域 A 向科研元素区域 C 传递发展（建设）需求，经过第二环节的科研与标准元素区域的对接后，在科研元素区域 C 完成相关科技攻关任务。在第三环节中，科研元素区域 C 与产业（工程）区域 A 进一步对接，将完成的科技攻关成果在产业（工程）中实施应用，支撑产业（工程）发展（建设），接受实践检验。这一过程体现在图4-7（a）中的逆时针实线部分，科研元素区域 C 作为供给侧，向产业（工程）元素区域 A 提供科技成果的供给，释放科技创新力量。这一过程也是完成科研、产业（工程）供需平衡的闭环反馈过程。

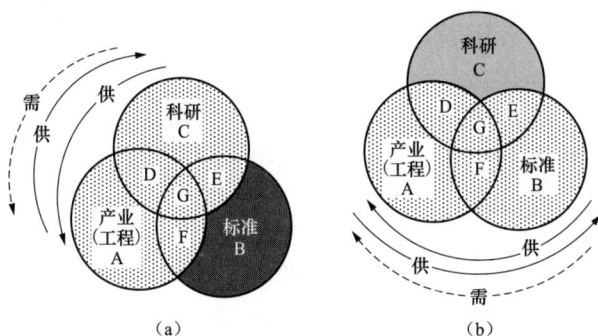

图 4-7　"三位一体"工作思路实施的第三个环节

（a）科研与产业（工程）深度互动；（b）标准与产业（工程）深度互动

图 4-7（b）中的顺时针实线表示标准研制成果在产业（工程）中的实施应用，接受实践的检验。标准元素区域 B 作为供给侧，向产业（工程）元素区域 A 提供标准成果的供给，这一过程也是完成标准、产业（工程）供需平衡的闭环反馈过程。

2. 产业（工程）应用反馈触发内循环 PDCA

在接受科研和标准元素区域的成果供给后，产业（工程）发展（建设）过程中会形成针对科研和标准成果的应用反馈。此时，产业（工程）作为科研和标准元素区域的供给侧，分别体现在图 4-7（a）的顺时针实线部分、图 4-7（b）的逆时针实线部分。上述反馈可启动科研—标准—产业（工程）"三位一体"工作思路实施的内循环PDCA过程，即从产业（工程）再次传导反馈至科研和标准元素区域，进而触发科研与标准的对接，最后再从科研和标准分别反馈至产业（工程）元素区域，直到产业（工程）的发展（建设）目标实现，内循环PDCA结束。这也是图4-3和图4-4所示流程框架中，对"是否达到产业（工程）建设目标"的判断为"否"时所触发的内循环PDCA过程。

3．科研、标准触发产业（工程）外循环PDCA

图4-7（a）中的逆时针虚线部分和图4-7（b）中的顺时针虚线部分体现了科研和标准分别作为产业（工程）的需求侧的情况，表明了在"三位一体"工作思路实施的第二个环节，科研和标准的互动除了能够满足产业（工程）当前发展（建设）需求外，科研和标准水平的整体提升还孕育和孵化着更高水平的产业（工程）发展（建设）目标。结合产业（工程）当前的发展（建设）时序，科研、标准的需求侧条件成熟时，可有效触发外循环PDCA，即设定产业（工程）的新的发展（建设）目标，再次触发科研—标准—产业（工程）的新一轮"三位一体"工作过程，直到实现产业（工程）新的发展（建设）目标。在上述过程中，根据科研与标准的互动情况，内循环PDCA和外循环PDCA也会再次触发，在"三位一体"工作思路下循环往复，直至将产业（工程）引领到更高质量的发展道路，进而为经济社会发展提供更高质量的资源供给。

三、"三位一体"工作思路的PDCA过程

以上阐述了具体的产业（工程）需求触发科技研发和标准研制的"三位一体"过程，对各环节的运行原理做了说明。然而，在实际经济社会发展中，往往需要多个领域方向的产业集合才能产生更大的综合效益，因此需要在更大范围、更高层级上考虑"三位一体"工作思路的实施问题。比如，智能电网建设需要诸多高水平的电力

装备，而某类电力装备自身往往就能够形成一个庞大的产业，因此智能电网的建设过程就相当于是一个诸多产业领域技术装备的高度集中过程。在这个过程中，除了每一个产业方向都需要遵循"三位一体"工作思路外，还需要站在智能电网建设整体需求的高度，考虑各个产业方向间的"三位一体"协同问题。

多产业方向间的"三位一体"工作思路同样遵循 PDCA 原理方法。通过有效的 PDCA 过程管理，"三位一体"工作思路可在更高层级上落地实施，推动实现更高的产业（工程）发展（建设）目标。此时，科研—标准—产业（工程）"三位一体"工作思路下 PDCA 方法的概念模型如图 4-8 所示，包括内循环 PDCA 和外循环 PDCA。

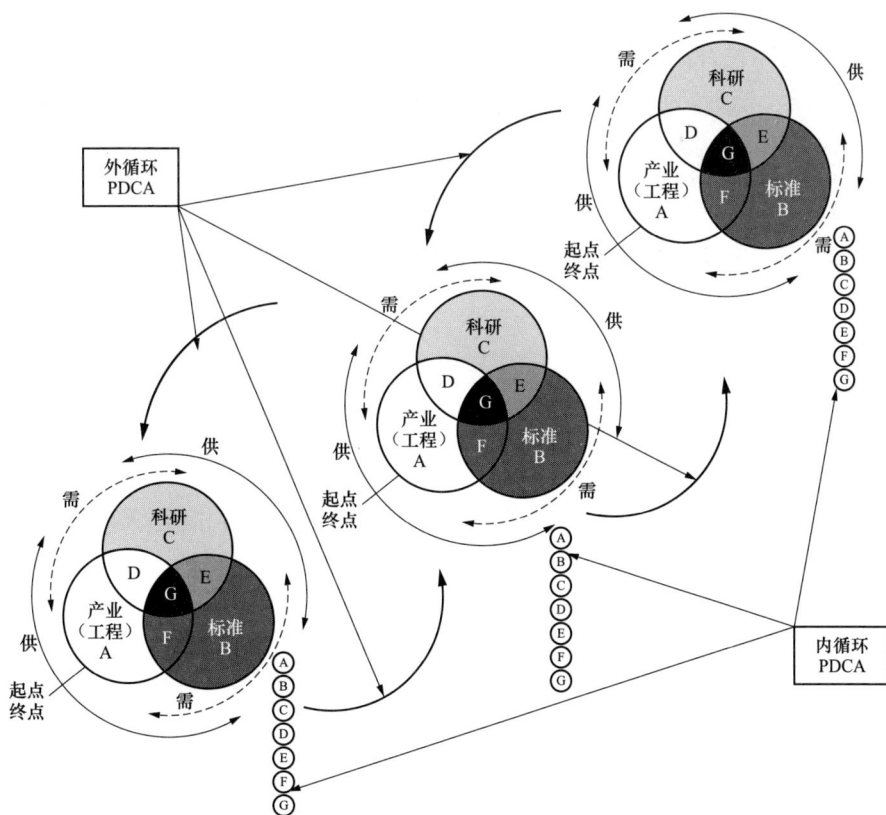

图 4-8　"三位一体"工作思路下 PDCA 方法的概念模型

这里，内循环 PDCA 和外循环 PDCA 的概念与前述有很大不同。内循环 PDCA 主要是指科研、标准、产业（工程）按照"三位一体"工作思路的工作流程，在互动融合的过程中遵循 PDCA 方法，协同迭代、螺旋递进、共同实现产业（工程）的某一特定发展（建设）目标的内部循环过程。外循环 PDCA 主要是指在内循环实现产业（工程）发展（建设）特定目标之外，科研和标准水平的整体提升孕育出新的、更高的产业（工程）发展（建设）目标的外部循环过程。

在实际工作中，为顺利实现科技成果转化为技术标准，除了采用科研—标准—产业（工程）"三位一体"工作思路，还需要建立并有效执行一整套常态化的工作体制机制。通过建立管理制度和工作规范，可明确技术标准管理工作的组织机构和职责分工，细化科技成果转化为技术标准的流程，组织实施技术标准全生命周期管理和考核评价，确保技术标准的科学性和适用性，助推科技成果的产业化和规模化应用。

第二节　"全流程对接"工作模式

科技成果转化为技术标准是在科研—标准—产业（工程）"三位一体"工作思路指引下，为了满足产业（工程）高质量发展（建设）需求，对科研和标准化工作体制机制进行优化，并实现两者过程整体协调的工作过程。科技成果转化为技术标准的工作模式，其内涵为"全流程对接"，涉及科研、标准、产业（工程）三个元素之间的互动支撑，最重要的是在科研和标准全生命周期活动中完成两者的对接、互动和融合。本节首先介绍科技成果转化为技术标准"全流程对接"工作模式的概念模型和流程框架，然后对此工作模式的组成环节做详细说明。

一、概述

科技成果转化为技术标准"全流程对接"工作模式包括三个环

节，分别为应用综合标准化方法构建标准综合体、科研—标准"全流程对接"以及应用 PDCA 方法持续改进提升。第一个环节是应用综合标准化方法构建标准综合体，是在标准—产业（工程）"全流程对接"、科研—产业（工程）"全流程对接"活动中，提炼出与"科技成果转化为技术标准"强关联和交集最多的标准化成果的活动。第二个环节是科研—标准"全流程对接"，这和"三位一体"工作思路第二个环节"科技攻关与标准研制互为供给"相一致，以技术攻关支撑标准研制，以标准研制需求指引科研攻关方向。这一环节是科技成果转化为技术标准"全流程对接"工作模式的核心内容，也是"三位一体"工作思路的核心内容。第三个环节是 PDCA 方法的应用，即在"三位一体"工作思路的内循环和外循环过程中，科技成果转化为技术标准的持续迭代和改进提升。PDCA 是"三位一体"工作思路的重要方法，同样也适用于科技成果转化为技术标准"全流程对接"工作模式。因为产业（工程）的发展（建设）特点是要经历多个、多次的实际检验验证，所以科技成果转化为技术标准不可能在一次产业或工程实施的生命周期内全部完成，而是包含了内循环和外循环多个 PDCA 过程。尤其是对于系统级的核心标准（群），大概率需要在内循环和外循环 PDCA 协同迭代的过程中得以实现。

以下对科技成果转化为技术标准"全流程对接"工作模式的概念模型和流程框架，以及应用综合标准化方法构建标准综合体、科研—标准"全流程对接"、应用 PDCA 方法持续改进提升等工作模式的 3 个组成环节依次展开论述。

二、"全流程对接"概念模型和流程框架

以"三位一体"工作思路在实施层面的概念模型和流程框架为基础，建立科技成果转化为技术标准"全流程对接"工作模式的概念模型和流程框架。

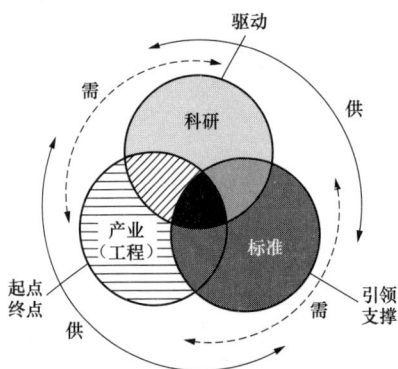

图 4-9　科技成果转化为技术标准
"全流程对接"工作模式的概念模型

（一）概念模型

科技成果转化为技术标准"全流程对接"工作模式的概念模型如图 4-9 所示。该概念模型在图 4-1 基础上调整而成，体现了科技成果转化为技术标准的"全流程对接"工作模式，最重要的是在科研和标准全生命周期活动中完成两者的对接、互动和融合的思想。

（二）流程框架

科技成果转化为技术标准"全流程对接"工作模式的流程框架见图 4-10，主要包括综合标准化、科研—标准"全流程对接"以及 PDCA 三个部分。图 4-10（a）所示的流程框架是以元素区域为对象的"三位一体"流程框架（图 4-3）中的一个分支活动。综合标准化重点指导根据产业（工程）需求构建标准综合体，可细分为若干具体环节；科研—标准"全流程对接"重点是标准化与科技创新的全面融合，可细分为科研—标准前期对接、中期对接、后期对接三个阶段，每个阶段包括若干个具体环节；PDCA 重点在于将"全流程对接"形成闭环并且持续迭代、螺旋上升。

三、"全流程对接"工作模式的演进方式

前文在论述"三位一体"概念模型时指出，科研、标准、产业（工程）三个元素的公共交集区域深度不同，科技成果转化为技术标准的工作模式也将不同。这里对科研、标准、产业（工程）公共交集区域占比在从无到有、由小到大的情况下，科技成果转化为技术标准"全流程对接"模式的演进方式进行说明。

（一）科技研发与标准研制的串行化

图 4-11 为科技研发与标准研制的串行化示意。科研、标准、

产业（工程）公共交集区域为零，以及科研与标准的交集区域为零的情况分别如图 4-11（a）、图 4-11（b）所示。虽然三者之间或多或少存在供需的关联，但由于三者并不是一个整体，并没有一个共同的起点或终点，因而都只是在各自的元素区域内开展工作。虽然科技研发与标准研制在工作过程中没有交集，但由于科技研发和标准研制都是面向同一个行业或专业领域，因此在科技成果形成后仍然需要瞄准实际应用而转型，从而串行化地与标准研制产

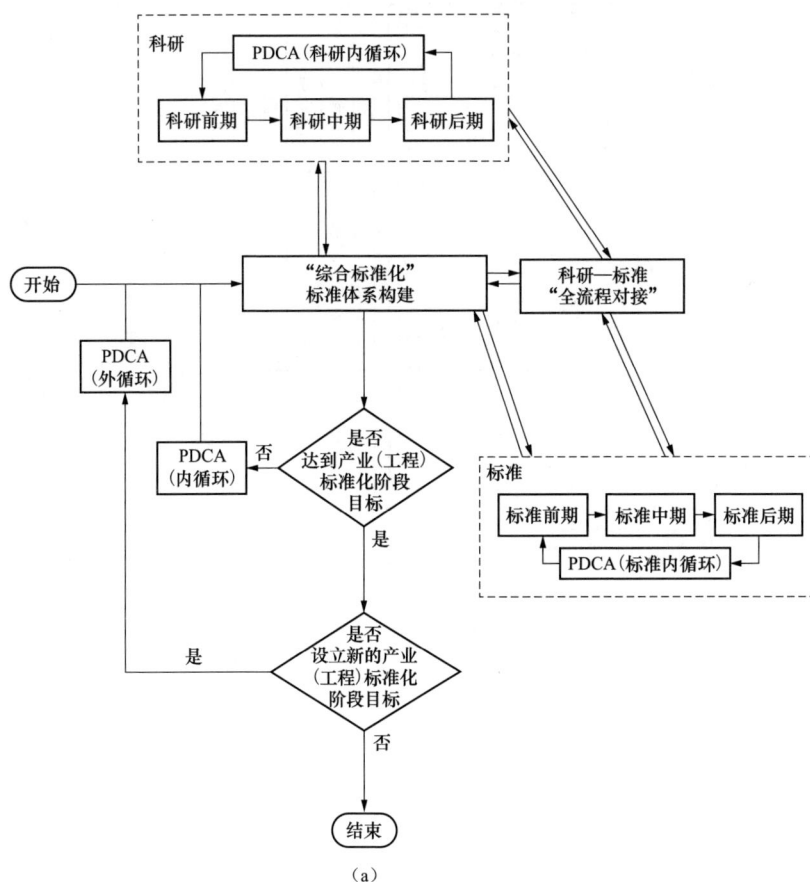

（a）

图 4-10　科技成果转化为技术标准"全流程对接"工作模式的流程框架（一）

（a）体现元素区域的流程框架

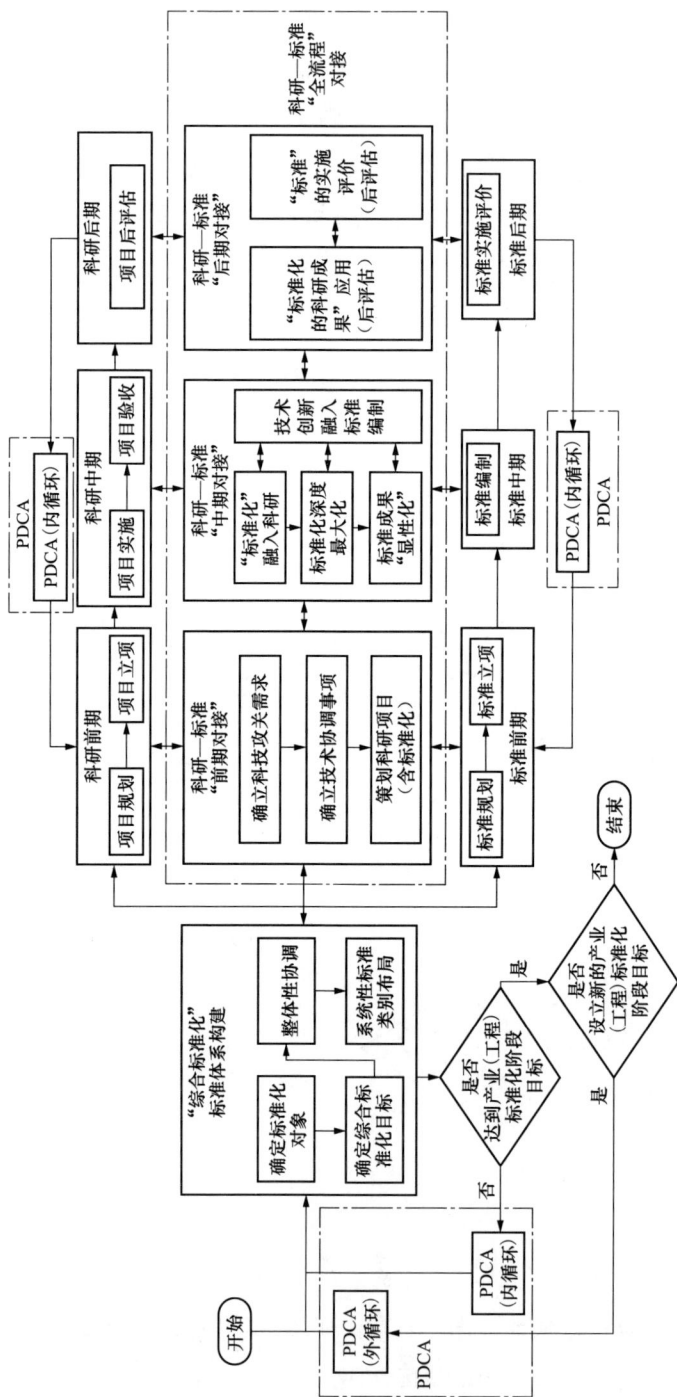

图 4-10　科技成果转化为技术标准"全流程对接"工作模式的流程框架（二）

（b）体现内部子流程的流程框架

（b）

生互动。同理，标准研制过程中也需要攻关相关联的重大技术，从而串行化地与科技研发产生联系。在这种情况下，科技研发和标准研制可能不发生互动，即使发生互动也是以串行方式为主，就是在形成科技成果后，再研讨能够形成什么样的标准。这将导致科技研发过程与标准研制过程被人为割裂、串行化、封闭化。

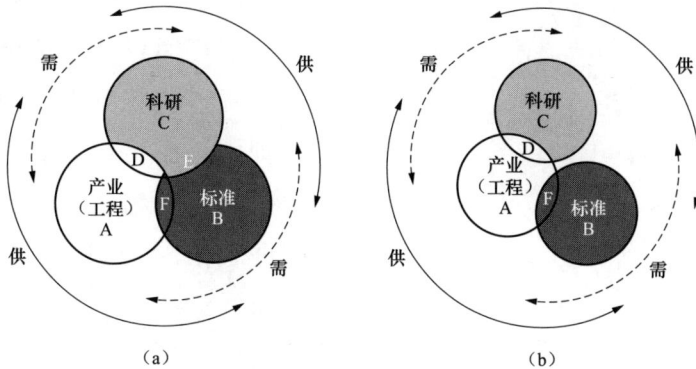

图 4-11　科技研发与标准研制的串行化示意

（a）三者无交集；（b）科研与标准无交集

（二）需求导向下的科技研发和标准研制的串行化

随着"三位一体"工作思路的渗透和应用，科技研发与标准研制开始与产业（工程）发生互动，产生了初期的三个元素的公共交集区域。需求导向下的科技研发与标准研制的串行化示意如图 4-12 所示。此时，科研、标准、产业（工程）三者有了共同的，同时也是唯一的一个起点和终点。也就是说，三者都是瞄准产业（工程）需求而开展工作。图 4-12 与图 4-11（a）的唯一差别就在于此，这一点非常重要。图 4-11（a）中，虽然客观上三者之间或者两者之间存在交集，但是各元素区域并不以统一的需求（虽然这种需求也是变化的）为出发点，那么各个元素区域的工作完成后，再串行化地进行对接，这将大大降低三者的工作效率。图 4-12 中，虽然产业（工程）的需求在相当长一段时间内，甚至是在科技研发和标准研制过程中，也还需要深入识别，但是有了这个共同的需求，三者之间的互动即可大幅提升三者的工作效率。此时，产业（工程）需求引导技术攻关，在技术攻关形成科技成果的基础上，再评价能够形成什么样的标准。这种工作模式对"三位一体"工作思路的理解和实践已经更进了一步，明确了科技研发的源头来自产业（工程）需求，但在后续活动中还是会将科技研发过程和标准研制的过程人为割裂、串行化、封闭化。这主要是因为两者"谁先谁后"的串行理念根深蒂固，对标准在科技创新活动中的作用认识不足，仅仅将标准作为科技成果的一种载体形式，而未在科技研发活动过程中充分发挥标准化的效能。

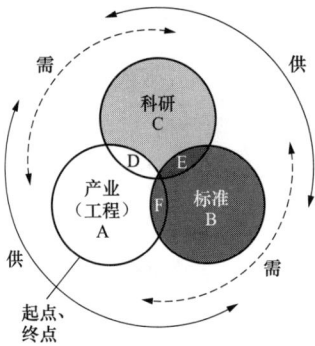

图 4-12　需求导向下的科技研发
与标准研制的串行化示意

（三）需求导向下的科技研发和标准研制的并行联动

第二种模式明确了科技研发和标准研制的源头是来自产业（工程）的发展（建设）需求，最终在产业（工程）中应用验证。但是当三个元素的公共交集区域占比进一步增大时，第二种模式的串行互动方式就无法很好地应对，故演变成第三种模式，即在科技研发和技术标准研制的全过程管理中采取并行联动、信息互通的模式。相对前两种工作模式，这种模式在全生命周期层面（尤其是从规划活动开始一直到项目验收及后评估）的互动是科技成果转化为技术标准活动中向前迈进的重要而艰难的一步，打破了两者"谁先谁后"的理念，由串行向并行转型，由割裂向互动转型。但是这种工作模式中，依然认为科研和标准是两个模块、两项活动，从而导致科技成果转化为技术标准的活动未能强化两者之间的联系或互动关系，未能提升科技成果转化为技术标准的成效，以至于无法充分发挥科研—标准—产业（工程）"三位一体"工作思路的综合效能。

（四）需求导向下的科技研发和标准研制的融合一体化

当科研、标准、产业（工程）三个元素的公共交集区域占比进一步增大时，科技研发与标准研制的互动融合即由第一阶段（串行、背靠背）、第二阶段（串行、需求导向）、第三阶段（并行、信息互通）逐渐过渡到第四阶段（融合、一体化推进），进一步打破科研和标准为串行和割裂的这两个根深蒂固的概念。科技研发与标准研制的互动方式由信息互通、全流程联动向更深层次的标准化与科技创新关系转型（标准化与科技创新的融合创新），科技成果的内涵从传统科技创新成果向"具有标准化基因的创新成果"转型，科技成果转化为技术标准的决策机制从专家评价为主向专家评价与应用验证相结合的标准化成果显性化机制转型。

四、应用综合标准化方法构建标准综合体

应用综合标准化方法构建标准综合体，是科技成果转化为技术标准"全流程对接"工作模式的一个关键步骤。应用综合标准化方法构建标准综合体，主要包括确定标准化对象、确定标准化目标、整体性协调设计、系统性标准布局4个环节。

（一）确定标准化对象

产业（工程）发展（建设）任务重，工作对象多，综合标准化对象的选择需要科学甄别。一是要选取适合应用综合标准化方法、相关要素较多，且需要多方面协同配合才能实现的工作对象。二是通常要考虑技术经济意义重大的项目，力求获得显著的效果。三是考虑所选对象是否可行，必要时要做可行性论证，防止半途而废。

对于电力行业的产业（工程）来说，标准化对象的选择与产业（工程）及其相关核心技术的关系十分密切。一是标准化对象颗粒度不宜过小，应能够反映新兴技术的整体应用。标准化对象要尽量覆

盖新兴技术应用的完整业务场景，同时应将新兴技术标准化对象的外部接口及相互关系统一考虑。二是标准化对象不宜选择为某一个或几个具体应用场景（如某一工程）。如果将标准化对象限定在具体工程上，将不利于识别或实现不同应用场景层面/级别上的标准化，选择某几个应用场景统一作为标准化对象可能会带来标准化对象不聚焦，为后续标准化目标的确立带来极大的难度。三是标准化对象颗粒度不宜过大。新兴技术发展到后期，产业规模扩大后，有可能面临把小系统升级到大系统乃至巨系统作为一个标准化对象来研究的问题。

（二）确定标准化目标

确立综合标准化对象后，标准化目标的确定就显得非常重要了。只有有了明确、具体、量化的目标，才能有明确的综合标准化主攻方向。目标是各项工作的依据和出发点。在科研—标准—产业（工程）"三位一体"工作思路指引下，由于标准化对象直接支撑产业（工程）的高质量发展，因此综合标准化对象的目标一般与产业（工程）发展的目标关系密切、关联性极强。

对于诸如电力系统等复杂系统的标准综合体，应尽量做到"标准化深度尽可能深"。参照产品的标准化深度分类，复杂系统的标准化深度由浅至深也可类比分为零件级、部件级、系统级（小系统、大系统、超大系统及巨系统等）。开展综合标准化的程度越深，综合标准化的效能就越高。因此，在零件级层面标准化的功能/性能尽量实现零件级协调，在部件级层面标准化的功能/性能尽量实现部件级协调，在系统级层面标准化的功能/性能尽量实现系统级协调，而且上述协调环节是在科技研发和标准研制的全生命周期中实现的，不是单独在标准研制环节或者科技研发环节割裂开来、分别实现的。

电力行业重大科技成果的综合标准化目标大多在系统级。当然，系统级又可细分为不同规模的系统，部件数量越多、种类越多、功能/性能差异性越大、关联性越复杂、耦合程度越深的系统，综合标准化的效能就越高，综合标准化目标实现起来的难度也就越大。如何识别归类以实现系统级的综合标准化，也需要开展科学研究。选定标准化目标后，根据标准综合体的系统性设计原则，进而可分解设立多个层级的子目标。这样每一层级的标准系统就都有了明确的标准化子目标，便于标准系统及子系统之间的协调配合，确保标准综合体整体目标的实现。

（三）整体性协调设计

由于综合标准化不是以制定一项标准为目标（仅制定一项或少量标准，是无需借助综合标准化方法的，否则不仅不会提升技术经济性，反而会适得其反），而是要制定一套标准。因此，这一套标准的整体性协调设计就显得非常重要了。对后续与科研的对接、与产业（工程）的对接，对是否能够实现为产业（工程）提供高质量的标准供给都有很大影响。需要协调的事项主要是从总体目标出发，层层分解，合理处理系统与系统之间、系统与部件之间、部件与部件之间、部件与零件之间、零件与零件之间的协调事项，确保标准综合体的整体效益最佳，实现整体目标。对于标准的整体协调而言，呈现形式上可以分为"标准群—标准群间协调""标准—标准间协调""标准条款—标准条款间协调"等几种情况。具体来讲，"标准群—标准群间协调"就是指由若干项标准构成的标准分支（或子体系、子系统）之间的协调，"标准—标准间协调"就是指某一项标准与其他标准在有关性能参数、条款上的协调，"标准条款—标准条款间协调"就是指某一项标准内部有关性能参数、条款间的协调。

综合标准化不追求局部标准、单项标准的技术指标最优、性能最强，而是要达到标准综合体的总体目标最优。这既是理论问题，又是在标准研制中必须正确处理的具体技术问题。局部的功能、可靠性、技术经济性之和，并不等于整个系统的功能、可靠性和技术经济性。系统与系统之间、系统与部件之间、部件与部件之间、部件与零件之间、零件与零件之间若协调不好，将会导致事倍功半的效果，极端情况下会导致极大的浪费、不必要的高额成本以及低品质的系统性能。因此，确定技术方案或者技术路线时，要从标准化对象零件、部件、系统标准之间接口功能层面和标准化对象的整体去协调。如第六章"柔性直流输电项目"案例，换流器内各功能模块需要从电气功能接口、机械功能接口、控制功能接口、冷却功能接口等多功能接口方面进行协调，以实现换流器功能的整体最优。

（四）系统性标准布局

梳理产业（工程）共性特点，构建标准体系（或标准综合体）的系统性架构。总体来看，标准体系（或标准综合体）的总体架构要以其最终应用场景的标准化需求为对象进行分类设计为佳。如果标准体系（或标准综合体）最终的应用场景是产业（工程），那就应从产业（工程）特点和标准化实际需求出发进行设计。如果标准体系（或标准综合体）最终应用于产业（工程）之外的其他场景，如产品、过程、服务等，那就应从这些产品、过程、服务的标准化需求出发进行设计。对于本书重点关注的电力行业而言，重大的科技成果要真正在现场发挥作用，还需要在重大工程中进行应用，进而大范围推广。因此，本书在构建标准体系（或标准综合体）时，主要考虑的是要满足科技成果应用场景也就是产业（工程）的标准化需求，参照产业（工程）特点进行系统性设计。

参照相近技术领域的成熟标准体系，细化标准体系架构。发展一个新的产业，或建设一个新的工程，其主体技术大多不是从无到有的，而是在现有科学技术成果的基础上进行升级换代、融合创新。即使存在从无到有的若干技术方向，一般也可以找到相近技术领域的标准体系架构作为参考，对整体标准体系架构进行设计。相近技术领域相对成熟的标准体系在经历过整体应用实施后，真正发挥作用的标准体系（哪怕最初是堆叠累积而成）还是会有一些共性特点。

对于新兴技术方向的产业（工程）而言，最大程度吸收相近领域的技术标准体系建设成果，其深层次的意义在于，这充分表明技术创新是一个循序渐进的演进过程，即使是突破性的、颠覆性的技术创新，其相应的标准体系建设也存在一定的延续性。

从横向和纵向两个维度，对标准体系开展整体布局。研究识别标准体系（或标准综合体）中需要横向和纵向协调的标准（群），以及需要统一协调功能接口、功能要求、性能指标、试验配套等各环节的相关标准，对标准体系（或标准综合体）进行整体性功能布局。按照业务流程、专业特点或者其他分类方式建立标准体系（或标准综合体）后，从标准体系（或标准综合体）的总体目标出发分解任务到不同业务流程、专业分支，以及下一层级流程或者专业分支的分解目标，进而明确不同分支标准（群）的输出、输出功能边界，即从目标出发界定不同分支标准（群）的边界、范围和目标。对标准体系（或标准综合体）中所有的分支标准（群）逐一梳理，即可完成纵向上的协调；再从横向上识别不同目标、子目标之间的协调关系，即可形成横向维度上的分支标准（群）的输出、输出功能边界。从标准群之间、标准之间、标准条款之间等内容协调的颗粒度上看，宜从大到小依次梳理，对于横向和纵向两个维度的先后顺序并无硬性要求。标准体系（或标准综合体）的协调就是为了保证数量众多的标准（群）最终形成合力，实现标准体系（或标准综合体）的总目标。经过整体协调后的标准体系（或标准综合体），其中的每项标准都承载着特定的功能，需要与其他标准配合使用共同实现标准体系（或标准综合体）的整体目标和整体功能。

从标准类别维度，对标准体系进行整体设计。为实现标准体系（或标准综合体）的总体目标，需要拟定标准体系（或标准综合体）中有关标准的类别。开展标准类别设计，是应用综合标准化方法构建标准体系（或标准综合体）的一个重要环节，其背后的原因是综合标准化采用了系统性设计理念。系统性不仅体现在标准体系框架设计上，而且还体现在具体标准制修订工作的实施过程中。每一个单项标准都不是孤立发挥作用的，单项标准的适用范围和功能都是从标准体系（或标准综合体）总目标分解而来。即使在标准体系（或标准综合体）的研制和实施过程中，实时分解并动态优化标准的内容、范围等信息，也是为了保证标准体系（或标准综合体）实现拟定的标准化总目标。

经过上述四个环节完成标准体系（或标准综合体）构建后，通过科研—标准"全流程对接"，可在科研和标准的全生命周期内实现两者的互动融合，进而高效率、高质量完成科技攻关和标准研制任务。

五、科研—标准"全流程对接"

科研、标准、产业（工程）三个元素的公共交集区域占比较大时，本书提出的科技成果转化为技术标准的创新解决方案，即科研—标准"全流程对接"工作模式，具体是指科技成果依托的科研项目和标准研制依托的标准项目在其全生命周期中的对接互动，主要包括科研—标准"前期对接""中期对接""后期对接"三个环节。

（一）概述

科技攻关活动包括科学研究和技术开发，核心是技术创新，主要任务是解决一个又一个技术问题，满足某种技术需求。如电力设备，要兼顾体积小（紧凑化）、功能强（技术先进）、质量轻（轻型化）、成本低（经济性）、寿命长（可靠性高）、运行稳定性好、抗干扰能力强等一系列需求，这就要求布局开展一系列科技攻关活动。技术创新有多种途径，任何形式的创新都有风险。技术创新的风险源于其不确定性，科研攻关活动中的很多步骤都需要充足的决策信息，如技术方案的选择、制造方案的选择、试验方案的选择等，信息量的完整程度将直接影响科研活动的成败。借鉴经过实践检验的标准化成果，可以有效降低科研过程中的"试错成本"。

倡导标准化与科技创新互动支撑、融合发展，是科研—标准"全流程对接"工作模式的根本出发点。其核心思想是在科研—标准—产业（工程）"三位一体"工作思路指引下，通过科技研发与标准研制的"全流程对接"，实现标准化与科技创新的全面融合。一方面，是指在科研项目、标准项目所涉及的核心技术取得突破的过程中，明确科研、标准的共同驱动力是来自产业（工程）发展（建设）的实际需求，将标准化概念有机融入科研过程中，支持科技活动有序产出高水平标准化成果；另一方面，是指科技创新过程中适当引入标准化概念，运用标准化方法提高具有大规模产业（工程）应用需求的科技成果的创新效率。

以标准化融入科技创新的科研—标准"全流程对接"模式方式，其核心可以概括为"现代模块化＋技术创新"，是指将简化、统一化、通用化、系列化、组合化、模块化 6 种标准化形式与技术创新过程进行深度融合的模式方法。选择哪一种或哪几种标准化形式，是由标准化内容所决定的，并随着标准化内容的变化而发展变化。模块化是标准化形式的高级形式，不同的形式体现不同的内容，发挥不同的作用。相比于传统模块化，现代模块化的主要特征为：①现代模块化的对象不仅是更复杂的系统，而且这个系统的子系统（模块）通常也是一个复杂系统；②模块自身的复杂化与信息技术共同进化发展；③模块化的整体系统会事先通过设计规则进行构思；④自下而上的系统改进和整体创新；⑤模块化系统是创造"选择价值"的系统；⑥现代模块化具有开放式结构和决策分散化的性质。蕴含于模块化中的标准化内容，最核心的就是具有特定功能的模块的标准化。模块化是以具有特定功能的通用模块为主题构建产品的标准化形式，将现代模块化理念应用于解决复杂技术性问题不失为一种最佳方案选择。

以"现代模块化＋技术创新"为核心的科研—标准"全流程对接"方案，兼顾了"中央集权创新"和"分权化创新"的特点，既最大限度发挥技术人员的个体创新能力，又确保复杂系统可以应对不确定性、环境动态变化的特性，发挥技术创新和标准化的综合优势。

在这种模式下，标准化与科技创新深度融合，两者融合所形成的新型科技研发模式已经不再是标准化和技术创新的简单加和，而是发挥了"1＋1＞2"的效果。不仅不会削弱、阻碍成果的创新性，反而是将标准化基因与创新基因有机融合，进而形成一种新的"标准化创新基因"，可有效提升科研活动的创新效率，提升科技成果的大规模应用的适用性。大量标准化实践表明，标准化与技术创新的对接时机越早、渗透性越广、融合力度越深，科技成果的生命力就越强，科技成果应用的适用性就越强，与科研成果相关的标准产出渠道就越通畅。

（二）科研—标准"前期对接"

按照图 4-10（b）所示的流程框架，采用综合标准化方法确立标准综合体后，接下来的一个环节就是科研—标准"前期对接"。这一环节以构建的标准综合体为输入，以形成科研项目（含标准化科研项目）为输出，主要包括确立科技攻关需求、确立技术协调事项和策划科研攻关项目（含标准化科研项目）三项活动。

1. 确立科技攻关需求

根据标准综合体中需要研制的标准情况，逐一分析该标准所需要开展的技术攻关任务，结合产业（工程）技术攻关需求，共同形成围绕当前产业（工程）既定目标的整体攻关任务。从单项标准入手梳理技术攻关任务时，存在"1－N"或"N－1"两种主要模式。"1－N"模式即 1 项标准对接 N 项（N≥1）技术，即 N 项技术攻关实现突破，方可具备此标准整体研制或确定此标准中某些条款或参数的先决条件，即 1 项标准需求对应着 N 项技术的攻关需求；"N－1"模式即 N 项（N≥1）标准对接 1 项技术，即 1 项技术的突破可为 N 项标准整体或者 N 项标准中的某些条款或参数的确立完成技术供给，这也是攻克产业（工程）共性关键技术的重要性之所在。

2. 确立技术协调事项

采用综合标准化方法，确立标准综合体中各标准需要协调的事项后，将标准之间需要协调的事项"传导"为需要协调的技术事项。两者之间既有统一性，也有差异。在标准综合体的确立过程中，本身就需要研究识别需要整体性协调的标准化工作对应的技术事项，但是由于标准与技术之间存在"$1-N$"或"$N-1$"两种模式，因此从技术攻关的角度看，有必要进一步梳理清楚各相关技术之间的协调关系。针对标准综合体建设以及标准研制过程中所需的创新技术（如标准验证技术、标准实施评价技术等）之间需要协调的事项，也应一并梳理确定，这类技术需求可在后续优先凝练为标准化科研项目。上述工作的开展，也为依据技术攻关任务进一步凝练形成科技项目（含标准化科研项目）奠定基础。

3. 策划科研攻关项目（含标准化科研项目）

根据产业（工程）发展（建设）和标准化对技术攻关的需求以及技术协调的要求，综合考虑各相关技术的协调深度，结合科技水平的实际情况，综合统筹后形成产业（工程）相关技术体系（任务），凝练形成若干项科技项目（指南）计划。如第六章所述"柔性直流输电项目"的实践案例，策划的重大科技项目覆盖国家重点研发计划项目、国家自然科学基金项目以及若干企业级科技项目等多层级。相比较而言，标准化科研项目的实际策划数量相对较少，但这类项目对落实科研—标准"全流程对接"来说非常重要。对标准化科研项目的策划有必要进一步强化，需要对传统科研项目、标准化科研项目开展深入布局。本书第六章围绕"柔性直流输电项目"的实践案例，目前已累计策划并实施 4 个重大标准化科研项目。

至此，经过科研—标准"前期对接"环节，形成一系列科技攻关项目（含标准化科研项目）计划，完成了产业（工程）发展（建设）目标向科研和标准化活动前期的传导。

（三）科研—标准"中期对接"

按照图 4-10（b）所示的流程框架，科研—标准"中期对接"这一环节是以确定的科研项目（含标准化科研）为输入，以形成"具有标准化基因的创新成果"为输出而开展的对接，主要包括标准化融入科研、标准化深度最大化、标准成果显性化，以及技术创新融入标准研制 4 项活动。

1. 标准化融入科研

基于科研—标准"前期对接"而设立的科研项目（含标准化科研项目）的攻关任务要求，在开展技术研发时，可将标准化理念融入技术创新全过程，实施"现代模块化＋技术创新"工作模式。

传统的产品开发设计或者创新过程采取的是"中央集权"路线，由一个或少数几个总设计师全权负责。这对于复杂程度较低的对象是可行的，而对于像电力系统等越来越复杂的系统而言则存在一定困难。"中央集权"路线行不通，那就需要采取"分权化"路线，由多数人分工设计，把复杂的设计对象进行分解，分成若干部分，从而使高度困难的任务变得相对容易，这就是模块化的思维，也是将标准化融入科研，变传统科技创新过程为"现代模块化＋技术创新"过程的思维。而如何使得多个模块在统一指挥下，保证最终的复杂产品是一个有机整体？对于这个关键性问题的处理方案是制定各模块必须遵守的设计规则（标准），每个模块在统一的设计规则（标准）前提下独立开发，但足以保证最终的产品是一个有机整体。

对于一个复杂产品或系统来说，其设计参数不仅数量巨大而且参数之间的关系也极为复杂。有时一个参数与其他多个参数相关联，形成错综复杂难以理清的相互依赖的关系。具有这种特征的系统称为相互依赖型系统。现代模块化设计就是把这样一个相互依赖型系统转化为模块化系统。

模块化设计过程包括模块的分解和模块的集中。首先，构成模块化系统的模块是由事先给出的系统决定的，即"整体的系统是事先构思好的"。在制定设计规则（标准）时，"结构"的任务就是确定模块化系统由哪些模块构成，以及它们各自的功能和它们将如何发挥作用。这个规定是由系统设计的目的和系统设计师的知识决定的。这个过程既是模块化、标准化的过程，同时也是一个技术创新的过程。其次，为了分离模块，设计师需要对每一个设计参数进行分析，对于那些能够对其他参数的选择发生影响，而其自身不能被改变的参数，便可纳入设计规则（标准）。这个过程不仅需要时间，更需要知识和经验的积累，即对参数间潜在的相互依赖关系要有科学的理解，这个过程也是一个技术创新的过程，和模块化这种标准化的高级形式相结合，可共同推动形成"具有标准化基因的创新成果"。当模块之间存在的所有依赖关系都被分离或纳入设计规则，转化为标准信息时，就可能按照这个设计规则（标准）将复杂系统分解为可进行独立设计的、半自律性的子系统，这就是"模块分解化"。

完成模块分解，制定了模块间的设计规则（标准），进而在模块内部通过技术创新实现模块间标准所界定的接口后，下一步便是模块集中。按照模块间的设计规则（标准）将可进行独立设计的子系统（模块）统一起来，构成更加复杂的系统或过程的行为，即"模块集中化"。模块分解化使得可独立设计的模块得以独立自主地开发创新，但最终还是要实现模块集中，即通过事后的比较、选择，将各模块内部由于自由竞争取得的研究开发成果集中起来。这种"模块集中化"所创造的价值，不仅足以弥补各领域内研究开发的竞争造成的重复投入资源的成本，而且还会大大提高研究开发的水平。模块的分解是伴随着设计规则（标准）的制定而有序、高效开展的，是科技创新的过程，同时也是标准化理念的应用过程；在模块集中时以及模块集中后是否能够发挥系统整体的功能和作用，也同样伴随着设计规则（标准）的制定，从而检验"模块集中"的效果和效能。

此时模块集中所形成的系统，已经不再是传统技术创新方法所形成的科技成果了，而是承载着"标准化基因"的科技成果，是重大科技成果所追求的整体系统。从源头上，从技术创新的更上游，强化标准化理念的注入，从而对科技成果的创新成效起到倍增效果，这便是本书提出以"现代模块化＋技术创新"为核心的科研—标准"全流程对接"工作模式的深层次意义。

2. 标准化深度最大化

采用"现代模块化＋技术创新"的新型创新模式，为科研加上了标准化的烙印。在技术创新工作中融合了模块分解和模块集中过程，本质上是创新规则的问题。前文描述了标准化理念融入科研的具体过程，下面着重论述标准化的深度问题。标准化的深度主要是指面对复杂系统开展创新，要在多大、多深的程度上实施模块化，要在何种程度上界定和划分模块。

采用"现代模块化＋技术创新"的原则是标准化深度能深则深，需要在模块分解和模块集中上下功夫。模块之所以能够集中，依托的就是模块之间的联系和设计规则（标准），而随着标准化深度的加深，模块之间的设计规则（标准）所发挥的作用越来越重要。对模块之间的划分越深，对模块之间设计规则（标准）的研究就越透彻；对当前一个层级模块能够集成形成一个更高层级模块方案的研究越深，对更高层级模块和外部模块之间的设计规则（标准）的研究就越透彻。模块的集成可通过自下而上和自上而下的方式单独或同时进行。自下而上的方式，研究对象从简单到复杂，比较适合创新的初期过程，也符合人们认识客观事物的一般规律。在"现代模块化＋技术创新"的实践过程中，在保证模块间设计规则（标准）前提下，各个模块可并行推进技术创新，实现各模块的功能。自上而下的方式属于总体设计和顶层设计，与自下而上的方式开展互动，形成模块间的设计规则（标准），协调各个模块间的关系

（联系）。在模块集中过程以及模块自下而上创新过程中，系统整体和各个模块完成信息互动，模块间的设计规则（标准）也可能会动态优化。

在这个过程中，系统级层面能够模块化的功能/性能尽量实现系统级的模块化，在部件级和零件级层面原理相同。自下而上和自上而下交互迭代，模块以及模块间设计规则（标准）的研究就越来越透彻，模块向上一个层级的集成可形成更加复杂的模块，模块向下一个层级的细化可优化模块的内部结构。模块化深度的加深，可显著提升"现代模块化＋技术创新"的创新成效。第六章所述的"柔性直流输电项目"案例中，从小容量风电接入、多端输电、背靠背联网、大容量柔性输电、直流组网等多种应用场景，"柔性直流输电"的模块化深度从零件级、部件级逐渐演进至系统级，充分发挥了深度模块化的优势。

3．标准成果显性化

标准成果显性化是指从标准计划立项，到标准制修订，再到标准最终发布实施的过程。

通过"现代模块化＋技术创新"的融合创新方式，完成科技研发过程，所形成的科技成果是否成熟到可以形成标准，还需要验证性应用环节的检验。相比于传统的科技成果，此时"具有标准化基因的创新成果"承载了后续形成显性化标准的本质内容。此时的创新成果呈现形式有拓扑、产品、样机、材料、专利、文章、报告、模型等，从形式上看与传统科技创新的科技成果相同，但最大的区别在于此时标准化已经深深嵌入到技术创新系统的设计、分解、集中等前端工作，相关的系统部件已经按照模块化这种标准化的高级形式，形成模块间和子模块间，乃至最基本的元件或分元件间的设计规则（标准）。

需要说明的是，和传统科技成果一样，当"具有标准化基因的创新成果"尚未进入应用环节，未经过任何应用性质的检验验证时，不宜提出标准立项申请，否则即使经历立项、研制、发布，这样生硬转化来的标准也并不能很好发挥规范产业秩序和引领产业发展的作用。而"具有标准化基因的创新成果"在标准成果显性化之前，即使标准未立项、未发布，也能对规范和引领产业发展起到一定的作用，可以小范围试用，这便是"现代模块化＋技术创新"的创新方式带来的成效。随着成果后续得到应用或通过类似应用性质的检验验证，"具有标准化基因的创新成果"便可水到渠成地实现标准成果的显性化，纳入标准制修订计划直到标准发布实施，在更大范围内实施成果的推广应用。

4. 技术创新融入标准研制

标准研制本身也是一项科学技术活动。高质量的标准并不是简单编制出来的，而是攻关研制出来的。这里的研制包含研发和编制两方面的含义。也就是在科研—标准"中期对接"环节，标准的形成经历了由传统编制方式向"技术创新＋标准编制"方式的转变。

在前述活动环节所形成的"具有标准化基因的创新成果"，在产业（工程）中应用或经过类似应用性质的检验验证后，可向相关标准管理机构提出标准制修订项目计划申请，获批立项后正式进入制修订流程，从标准的前期阶段进入中期阶段。在该阶段，标准的各项技术参数、技术性能、技术要求、技术规定等核心内容的确定，都要充分吸纳技术创新成果。

对于电力行业规模庞大的产业（工程）而言，在其科研活动中，可通过"现代模块化＋技术创新"的方式，在技术创新环节将标准化理念嵌入进去，将复杂的系统按照模块化的方法进行分解和集中，形成一系列模块以及模块间的设计规则（标准），包括零件级、部件级、系统级等不同的层级。这些设计规则（标准）就是显性化标准编制的最大来源，是最核心的标准雏形。相对于传统的标准编制方式而言，此时技术创新已经深深融入了标准的源头。

为保证"具有标准化基因的创新成果"日后显性化为标准时的质量，在"现代模块化＋技术创新"的技术创新过程中，应通过各种创新手段验证其科学性、先进性。在这一过程中，所开展的大量零件级、部件级、系统级的试验检测，相当于标准制修订过程中的标准验证环节。

在标准编制过程中，如在征求意见环节，涉及利益相关方的意见，应在最大程度上达成一致。在"标准化融入科研"环节，模块间的设计规则（标准）也应尽可能取得产业上下游相关方的一致意见。但是，在科技成果诞生以前，在一定程度上，相关的技术创新活动还是受限在部分单位内部进行，所能够保证的只是最主要的功能、性能，因此模块间的设计规则（标准）的制定还是存在一定的局限性。这里所提到的局限性并非指技术创新活动时确定的设计规则（标准）不合理，而是指产业（工程）需要的高质量标准所规范的方方面面并不一定都是在研发阶段就能够识别出来的。另外，对于复杂系统、具有较大不确定性的系统、持续演进变化的系统而言，需要在产业（工程）中应用或经过类似应用性质的检验验证后进行反馈迭代，否则所界定的模块间的设计规则（标准）甚至包括模块内部的功能都还只是一个具有过程属性的成果，还不能真正算作结果性的成果。这也是科研—标准"中期对接"、科研—标准"全流程对接"必须要在科研—标准—产业（工程）"三位一体"工作思路下开展的原因。

（四）科研—标准"后期对接"

按照图 4-10（b）所示的流程框架，通过科研—标准"中期对接"形成"具有标准化基因的创新成果"后，接下来的环节便是科研—标准"后期对接"。这一环节以"具有标准化基因的创新成果"为输入（起点），以形成显性化的标准为输出（终点），主要包括科研成果应用（后评估）以及标准实施（后评估）两项活动。

1. 科技项目后评估（应用验证）

科技项目后评估是科技创新工作闭环管理的重要环节，通过科技项目后评估体系建立"后评估＋科技项目立项"机制，评估结果可为科技项目立项优化、攻关团队评价、科技成果转化等工作提供重要参考。科技项目后评估的具体实施形式有很多种，已经开展的科技项目后评估多采取专家会议的形式。科技项目后评估的核心和内涵是对科技成果的应用验证，对成果是否在产业（工程）中得到应用、应用的时间长度、成果在应用中解决的问题、成果应用所取得的成效进行综合评估。同时，后评估过程中发现的成果在应用中暴露出来的问题、成果在长期应用中的性能和功能变化情况等，也是非常宝贵的第一手信息。

科技项目后评估，有以下几种常见的反馈情况：①由于重大复杂性系统技术创新的不确定性和风险，导致科研成果在工程中应用后发现有新的问题需要解决，以及发现技术创新环节未能识别出的影响要素。②由于创新复杂、难度大，导致技术创新环节已识别但很难研究透彻。③由于外部环境的变化，技术创新需持续发展演进，导致当前的技术方案虽可以解决问题，但存在由于横向或纵向相关领域的技术更新，如采用其他比较成熟的新技术（或标准）可以更加显著提升工作效率的情况。④技术创新环节已识别，但对于在持续运行中的某些系统性能、功能的变化必须要在工程投运后才能真正得到检验或验证。

综上所述，科技项目后评估的内涵在于科技成果要经历实际应用的长期验证，将在应用中获取到的成效或者问题信息反馈到技术创新、标准化环节，可在下一轮科技创新和标准化活动中修正、优化整个系统设计及相关因素。

2. 技术标准后评估（实施）

技术标准后评估，也就是技术标准的实施，是技术标准全生命周期中非常重要的环节。需持续跟踪标准综合体的实施效果，通过不断修订和完善相关标准或综合体内容，以保证标准综合体稳定运行，从而有效支撑产业发展和工程建设。

对于技术标准后评估，有以下几种常见的反馈情况：①新技术领域的标准修订。随着标准的实施应用，标准的范围、条款在实际工程中发生了不适用的情况，或者是缺失、要求不必要、交叉、重复、矛盾等，均需要开展标准的修订。②标准类别的转化。结合工程中实际的运行情况，提出不同于现有类别标准的制修订需求，如从企业标准转化为行业标准，或者国家标准。③标准化深度的动态提升。结合工程中实际的运行情况，在现有零件级标准化深度基础上提出部件级甚至更高一层的系统级标准化深度需求，最终推动标准综合体的结构更新，同时激发规模更大、体量更大、技术创新密度更高的技术攻关。④传统领域标准的修订。随着技术攻关和对科学问题认识的加深，可能会传导到存量的传统领域，推动相关存量标准的修订。

鉴于电力行业，尤其是新兴的电力技术方向，有很多未知的关联关系需要探索研究，比如本书后序章节提到的柔性直流输电和统一潮流控制器等新兴输电技术，作为新型电力电子系统设备在传统交流电网中运行，有些关联关系要到模块集成和测试阶段才能发生，甚至要经历过一次甚至多次应用的检验才能暴露出来。因此，"具有标准化基因的创新成果"在科技项目验收后，或者在成果短期应用后，只有在产业（工程）中经受一定程度的检验，才能推动"具有标准化基因的创新成果"显性化，形成标准提案。这个环节，看起来是科技项目的后评估，但是很大程度上是对模块间的设计规则（标准）的全面检验。这时的设计规则（标准）其实还是属于"具有标准化基因的创新成果"的范畴，但是经历过应用的检验后，根据应用的实际情况，对设计规则（标准）进行修正优化后，这部分设计规则（标准）便到了显性化形成标准提案或项目计划的成熟时机。

通过后评估产生的意见反馈，除了推动"具有标准化基因的创新成果"显性化形成标准之外，还有一个很重要的反馈价值就在于推动模块化的深度不断加深，不断由零件级向部件级演进，由部件级向系统级演进，在系统级的层面上不断由小系统到中系统直至大系统乃至更大的系统级演进。以第六章"柔性直流输电项目"案例为例，历经柔性直流输电产业多个发展方向的应用验证后，陆续形成 GB/T 37010《柔性直流输电换流阀技术规范》（可适用于两电平换流阀、三电平换流阀和模块化多电平换流阀）、GB/T 38878《柔性直流输电工程系统试验》（可适用于对称单极、不对称单极和双极接线的端对端形式柔性直流输电工程）、GB/T 37015.1《柔性直流输电系统性能 第 1 部分：稳态》（可适用于采用模块化多电平电压源型换流器的直流背靠背、端对端、多端系统的稳态性能）等多项标准，在换流阀电平拓扑（两电平、三电平和模块化多电平）、柔性直流输电系统直流接线方式（对称单极、不对称单极和双极接线）以及柔性直流输电系统应用场景（双端、多端、背靠背）等多种柔性直流输电系统和产业方向上实现不同程度的部件级、系统级的模块化设计，实现基于实际应用效果为基础（而不是仅仅限于理论、仿真和试验层面）的高质量标准产出，可为后续柔性直流输电在不同产业发展方向上的更大规模应用提供高质量的标准储备。

3. 科研后评估与标准后评估的对接

在科研项目的后评估阶段，科研攻关任务已经完成，除一般意义上的成果成效检验外，根据科技攻关产生的"具有标准化基因的创新成果"，还可评估能够形成什么类型的标准（国家标准、行业标准或企业标准等）。技术标准后评估主要来自产业（工程）对标准实施效果的反馈，参数、指标是否合适，是否还需要新的科研攻关任务来支持功能更高、性能更强、适用性更广的技术要求等。

在科技项目后评估（应用验证）和标准后评估（实施）反馈过程中除了对科技研发环节和标准研制环节的反馈外，还包含两者的互动联系。新的技术创新方式与传统技术创新方式的区别就在于将标准化和科技创新深深融合到一起，而不是简单把标准化和技术创新停留在信息互通层面。新的标准编制方式与传统标准编制方式的区别是将标准编制视为一项科研活动，而不是简单把标准编制视为一项写作或编写工作。在"三位一体"工作思路下，所给出的科研—标准"全流程对接"工作模式，不是简单地在科研活动和标准化活动之间建立联系，实现信息互通，而是采用"现代模块化＋技术创新"方式将科研活动和标准化活动紧密结合到一起。因此，科研—标准"后期对接"同时也是对科研—标准"前期对接"和"中期对接"成效的整体性反馈。

六、应用 PDCA 方法持续改进提升

在科技成果转化为技术标准"全流程对接"工作模式中，同样采用 PDCA 方法，通过有效的过程管理，提升科技成果转化为技术标准的整体水平，最终实现既定目标。使用 PDCA 方法可以使整个工作流程更加条理化、系统化、科学化。

科技成果转化为技术标准"全流程对接"的第一个关键节点——规划阶段，对应了 PDCA 循环中的"P（计划）"环节，包括工作目标和工作方案两个基本要素。"全流程对接"的前期阶段的输出为科研项目规划和标准综合体。应用 PDCA 的目标导向原则，确定标准综合体的目标，依据目标分析需要编制的标准综合体规划，以及为实现目标需要制定哪些标准。目标明确后，找出与目标相关的要素，将总目标拆解为对各相关要素的要求，理清每个要素与总目标间的关联和影响。根据分析结果，明确标准综合体的构成，提出需要制修订的标准和必要的科研攻关需求，同时进一步完善科研规划。

科技成果转化为技术标准"全流程对接"的第二个关键节点——实施阶段，对应了 PDCA 中的"D（执行）"环节，要时刻围绕目标，确保执行到位。执行阶段要根据已知的规划布局，开展具体工作，

实现规划目标。在科研成果转化为技术标准工作中，通过制定工作方案，确定标准综合体中每项标准的立项、制修订、试验验证和审查程序，确保严格按照方案中的时间节点完成任务。在具体标准研制过程中，加强流程管控、协调一致以及监督执行，确保各项标准在预期的时间内按时完成并应用实施。适宜纳入科技项目作为项目成果的标准成果，应在项目任务书中明确标准的数量、名称、标准类型以及推进的目标进度，验收时予以确认。对于立项审核不通过的情况，应仔细研究项目申报、立项审核方式、立项评审等在涉及标准作为预期目标时的相关问题，及时总结经验，反馈至相关规划环节，为科技成果转化为技术标准模式方法的可持续运行提供有效的反馈信息。

科技成果转化为技术标准"全流程对接"的第三个关键节点——后评估阶段，对应 PDCA 中的"C（检查）"和"A（处理）"环节，总结执行计划的结果，查找并分析问题。对于科研成果转化为技术标准的检查和处理，是在各项标准制定完成后，通过对标准发布实施后的应用情况的反馈和评价来实现的，评价标准的实施是否达到了既定的目标，对于标准是否有进一步的修订建议等。通过了解标准中有关技术指标在实际应用中的情况，分析是否存在偏差，并对意见反馈做出反应，查找并解决问题。涉及需要科研支撑的，提出下一轮深化攻关需求；若涉及标准参数调整或者标准缺失的问题，则持续优化完善标准综合体，确保不偏离整体预期目标。科研与标准持续对接，直到达到动态平衡，即科技研发和标准研制均满足了产业（工程）对科研和标准的需求。新的迭代发生在新的产业（工程）需求孕育之后，再次开启新的产业（工程）转型发展（建设）过程，并根据行业特点持续迭代提升。

第五章

统一潮流控制器项目案例

统一潮流控制器（unified power flow controller，UPFC）是目前国际上公认的最先进的电网潮流控制装置，能够实现电网潮流的快速、灵活、精准控制，可在保证电网安全的前提下深度挖掘电网供电潜能，提升供电能力。我国首批 UPFC 工程由国家电网有限公司投资建设，很好地践行了科研—标准—产业（工程）"三位一体"工作思路，是本书所述研究方法和工作模式的典型应用案例。

第一节　项　目　简　述

电网中功率的分布和流向称为潮流，是表征电网运行状态的核心指标。潮流控制直接关系到电网的安全性和运行效率。潮流的快速、灵活、精准控制是电力领域世界性难题。

一、电网潮流灵活控制的迫切需求

我国电网已进入特高压交直流混联、高占比新能源接入的特大型电网时代，其规模和复杂程度已达世界之最。电源分布的地域广阔性、新能源发电的波动性、电网发展初期局部网架结构不合理以及随机性和不确定性负荷的快速增长，导致电网潮流分布不均现象普遍存在。如何保障电网安全经济运行、新能源有效消纳和实现供电能力挖潜增效，电网潮流控制面临前所未有的重大挑战。

电网潮流具有随电网阻抗分布的自然属性。传统潮流控制主要依靠发电调节、负荷转移等手段，当需要解决现代电网特别是城市电网的潮流分布不均问题时，这种传统控制方法体现出调节速度较慢、调节不精准的缺点，某些情况下效果不佳。研究可靠实用、拓扑灵活、调节快速的潮流控制技术，就成为我国电网发展过程中亟须解决的关键问题。UPFC 由此走上中国电力发展史的舞台。

二、UPFC 实现潮流灵活控制的基本原理

UPFC 是功能强大的柔性交流输电装置，可以调节线路阻抗、电压和相角，相当于为电流装上了"智能导航仪"，为解决电网潮流快速、灵活、精准控制问题提供了有效的技术手段。

UPFC 基本结构如图 5-1 所示，包括主电路（串联侧、并联侧）和控制单元两部分。主电路中两个电压源换流器（voltage-sourced vonverters，VSC）共直流连接，并分别通过两个变压器接入系统。换流器 1 通过变压器 T1 并联接入系统，换流器 2 通过变压器 T2 串联接入系统。换流器 1 和变压器 T1 统称并联侧，换流器 2 和变压器 T2 统称串联侧，其输出电压均可单独控制，并独立吸收或发出无功功率。

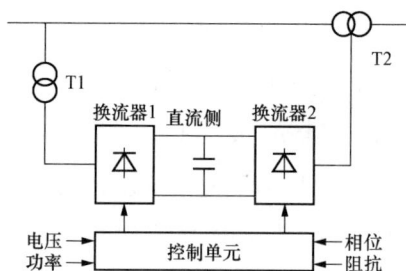

图 5-1　UPFC 基本结构图

对于有功功率而言，UPFC 并联换流器通过并联变压器从接入点吸收或发出有功功率，通过 UPFC 直流侧，流经串联换流器，最终通过串联侧变压器全部输送至线路侧，UPFC 为所在线路提供了

一条有功功率传输通道；对于无功功率而言，UPFC 并联换流器和串联换流器分别通过变压器与接入点发生无功交换，由于直流电容的存在，并联侧和串联侧之间不发生无功功率交换。图 5-2 为 UPFC 的功率流向示意图。图 5-2 中 P_{12} 为 UPFC 传输的直流功率，Q_1、Q_2 分别为 UPFC 并联换流器和串联换流器通过变压器与接入点交换的无功功率。

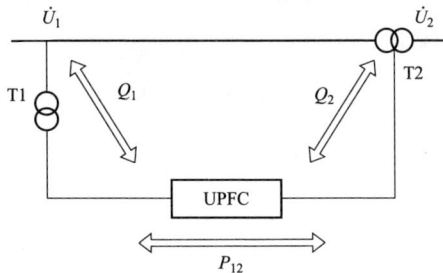

图 5-2　UPFC 功率流向示意图

由上述功能分析可知，UPFC 可以看作是一台静止同步补偿器（static synchronous compensator，STATCOM）与一台静止同步串联补偿器（static synchronous series compensator，SSSC）的直流侧并联构成的，等效的 STATCOM 装置和 SSSC 装置如图 5-3 所示。

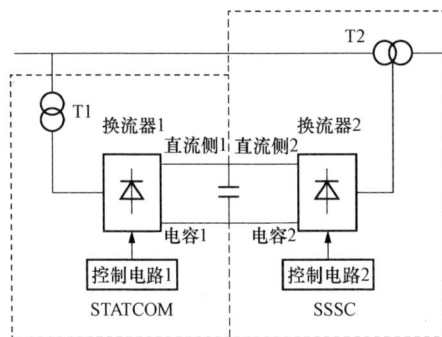

图 5-3　等效的 STATCOM 装置和 SSSC 装置

因此，UPFC 不仅同时具有 STATCOM 与 SSSC 的优点，即既有很强的补偿线路电压的能力，又有很强的补偿无功功率的能力，而且 UPFC 可以在四个象限运行，既可以吸收、发出无功功率，也可以吸收、发出有功功率，并联部分还可以为串联部分的有功功率提供通道，因此具有非常强的灵活控制线路潮流的能力。

UPFC 接入系统的等效电路图如图 5-4 所示。其中，UPFC 串联部分补偿电压为 $\dot{U}_c$；送端电压为 $\dot{U}_s$，其幅值和相角分别为 U_s、δ_s；受端电压为 $\dot{U}_r$，其幅值和相角分别为 U_r、δ_r；X 为从送端到受端的线路等效电抗，P 为从送端到受端的线路有功功率（忽略损耗）。

图 5-4　UPFC 接入系统等效电路图

线路输送有功功率计算公式如下：

$$P = \frac{U_s U_r}{X} \sin(\delta_r - \delta_s) \tag{5-1}$$

UPFC 串联补偿电压 U_c（$0 \leqslant U_c \leqslant U_{cmax}$）的相角可以 $0° \sim 360°$ 调节，即其串联电压源的幅值和相角均可连续调控，但幅值的调节有限制。图 5-5 和图 5-6 分别为线路功率较大和较小时两种运行工况下的调节范围电压矢量图，其中 δ 为线路两端电压功角差。

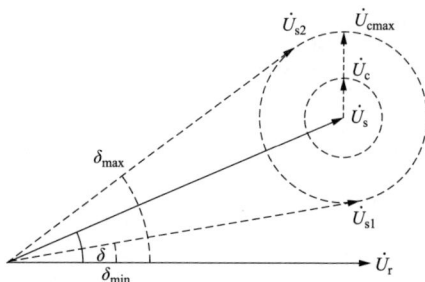

图 5-5　线路功率较大时的调节范围电压矢量图

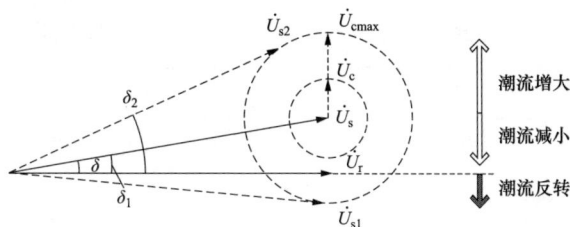

图 5-6　线路功率较小时的调节范围电压矢量图

由图 5-5 和图 5-6 可知，UPFC 产生的补偿电压可以在以 $\dot{U}_{s}$ 端点为圆心的圆盘内任意运行，当补偿后的电压位于图中的切线位置 $\dot{U}_{s1}$ 和 $\dot{U}_{s2}$ 时，则分别对应于 UPFC 自身调节裕度的上、下限。而对于不同的运行工况，由于初始潮流状态下的线路两端电压功角 δ 差不同，UPFC 的调节能力也存在一定的差异。在某一系统运行工况下，串联电压 $\dot{U}_{c}$ 幅值一定时，线路输送功率 P 会随着串联电压相角的变化而变化。在小功率输送工况下甚至会发生潮流反转。在给定的运行方式下，UPFC 的调节能力受两方面因素的影响，一方面是 UPFC 本身的性能参数约束，即 UPFC 的串联补偿电压限值和串/并联侧的有功交换限值；另一方面是系统的运行约束条件，包括节点功率平衡、发电机有功出力和无功出力限值、母线电压限值和线路输送功率限值等。

三、国外 UPFC 的科研、标准和工程应用情况

UPFC 是功能强大的潮流控制装备，可实现电网潮流快速、灵活、精准控制。但由于结构复杂、技术研发难度大、设备性能配合要求高，UPFC 技术和市场长期被美国企业独家垄断。21 世纪初，国际上仅美国企业掌握基于门极可关断晶闸管（gate turn-off thyristor，GTO）的三电平多重化 UPFC 技术，且存在可靠性低、损耗大、谐波高等技术局限性，以及耦合变压器多、体积大、运维复杂等工程局限性，世界范围内仅有三套 UPFC 进入工业运行阶段。21 世纪初国际 UPFC 工程投运基本信息见表 5-1。

表 5-1　　　　**21 世纪初国际 UPFC 工程投运基本信息**

序号	工程名称	地点	投运年份	电压/容量
1	美国 INEZ 地区 UPFC 工程	INEZ	1998	138kV/320MVA
2	韩国 Kangjin UPFC 工程	Kangjin	2003	154kV/80MVA
3	美国纽约地区 CSC 工程	纽约	2004	345kV/200MVA

相应的，在我国新一代 UPFC 技术研发应用之前，国内外尚未制定 UPFC 相关技术标准，仅 CIGRE 工作组 Task Force 14.27 于 2000 年发布了 UPFC 相关的技术报告，重点介绍了 INEZ 变电站的 UPFC 工程，涉及部分技术要求的内容。由于 UPFC 相关技术标准缺乏，其推广应用面临以下难题。

（1）UPFC 技术先进，但其规划设计、设备研制、试验检测等各环节技术要求不明确、不系统，工程应用无章可循；

（2）UPFC 接入电网及运行方式特殊，其规划、设计难度大，且缺乏依据，系统参数、功能配合设定困难，限制 UPFC 作用发挥，甚至影响电网运行安全；

（3）UPFC 关键设备与传统输变电设备区别较大，设计、制造、检验要求不完善，易造成可靠性低、研制周期长等问题，影响产业发展和技术推广。

四、我国 UPFC 的科研、标准和工程实践

为攻克新一代 UPFC 技术，推动 UPFC 技术的工程化应用，国家电网有限公司组织国网江苏省电力有限公司、南瑞集团有限公司、国网智能电网研究院有限公司等单位，系统开展了新一代 UPFC 技术研发和标准研制，建成多个 UPFC 科技示范工程。

项目实施过程中，充分运用了科研—标准—产业（工程）"三位一体"工作思路和"全流程对接"工作模式，联动科技研发和标准研制，有效解决了局部电网潮流快速、灵活、精准控制技术难题。在提升局部电网安全稳定水平的同时，有效提升了国产装备核心竞

争力，极大地提升了我国柔性交流输电技术装备水平。

部分标准成果实现了国际输出。截至 2021 年 6 月，我国分别在 IEC、IEEE 牵头成立 UPFC 相关标准工作组，主导编制 IEC 标准 2 项、IEEE 标准 4 项，并吸引了西门子、ABB、通用电气等电工领域国际知名制造商，以及美国、德国、法国、日本、俄罗斯、瑞典等多个国家的专家学者参与。截至 2021 年 6 月，IEC TR 63262：2019《电力系统中的统一潮流控制器（UPFC）的性能》，以及 IEEE Std 2745.1-2019《基于模块化多电平换流器的统一潮流控制器技术导则　第一部分：功能》2 项 IEEE 标准已获批发布。

第二节　"三位一体"工作实践

UPFC 的科研—标准—产业（工程）"三位一体"实践过程，是科研、标准、产业（工程）三个元素相辅相成，在实践中不断完善，推动实现科技成果转化为技术标准的螺旋式上升的过程。

一、产业（工程）发展需要高质量标准供给和重大技术攻关

面对电网潮流控制需要解决的迫切问题，为实现 UPFC 的工程应用，需要加快 UPFC 科技研发和标准研制。2012 年，科技部设立国家高技术研究发展计划（863 计划）项目"电网潮流控制技术及装置"，旨在从顶层设计上解决 UPFC 重大理论和关键技术问题。该项目研究突破了柔性交流输电装置主电路拓扑、控制与保护、关键设备设计与制造、复合工况试验等共性关键技术，有力提升了我国柔性灵活交流输电系统（flexible ac transmission systems，FACTS）技术的整体水平。同时，国家电网有限公司启动科技项目"统一潮流控制器（UPFC）关键技术研究及试验示范"，旨在尽快突破 UPFC 实用性关键技术，促进 UPFC 技术成果与工程应用的有效对接。

此外，为了破解输电廊道资源紧张、线路建设困难的城市核心区域供电难题，国网江苏省电力有限公司和国网上海市电力公司也

自主开展了一系列科技项目研究工作，研究内容涉及 UPFC 工程规划仿真技术、设计施工技术、运行控制技术、检修维护技术等多个领域。UPFC 科技项目如表 5-2 所示。

表 5-2 UPFC 科技项目

序号	科技项目名称	起止年份	项目类型	备注
1	电网潮流控制技术及装置	2012—2015	国家项目	以下简称项目 1
2	统一潮流控制器（UPFC）关键技术研究及试验示范	2012—2015	国网项目	以下简称项目 2
3	采用新型 FACTS 技术提高 220kV 分区电网供电能力的研究	2014—2015	国网项目	以下简称项目 3
4	大容量混合型 UPFC 技术及其应用研究	2016—2019	国网项目	以下简称项目 4
5	220kV/50MVA 串并联电网潮流控制成套设备研制	2016—2017	地方项目	以下简称项目 5
6	统一潮流控制器优化调度、闭环测试技术研究	2016—2017	国网项目	以下简称项目 6
7	基于分布式潮流控制的输电网柔性交流潮流控制技术研究	2016—2018	国网项目	以下简称项目 7
8	500kV 统一潮流控制器系统应用技术研究	2017—2018	省公司项目	以下简称项目 8
9	500kV 统一潮流控制器（UPFC）绝缘优化设计与运行性能评估关键技术研究	2017—2018	国网项目	以下简称项目 9
10	500kV 统一潮流控制器协调控制和保护配合技术研究	2018—2019	国网项目	以下简称项目 10

在布局并有序开展科研攻关的同时，系统性设计了 UPFC 相关技术标准研制计划，构建 UPFC 标准综合体，覆盖 UPFC 规划设计、关键设备、调试运维等各环节。

二、科研攻关支撑标准研制、标准研制需求指引科研攻关方向

UPFC 产业发展和工程建设需求，为科技攻关和标准研制指明了方向。在开展科技创新活动和构建标准综合体的过程中，推动 UPFC 科技成果向"具有标准化基因的创新成果"转型，实现了 UPFC 成套标准的高质量供给。

UPFC 工程规划、方案设计、设备研制、检测试验、运行维护等方面的技术创新成果，都是 UPFC 标准的根本支撑。具体可以归纳为三方面：

在规划设计方面，建立了综合需求匹配的 UPFC 可行性研究方法，提出了基于多目标优化的选址定容技术，实现了系统参数和功能优化配合设计；研制了可灵活变换的 UPFC 拓扑及配合技术，实现了成套设备优化集成和可靠接入电网，相关成果凝练形成 UPFC 可行性研究及设计标准。

在关键设备方面，研制了模块电压多阈值优化、宽范围自取能 UPFC 换流器，发明了线路功率解耦和快速故障穿越的控制保护技术，首创晶闸管旁路开关及快速隔离技术，提出了强抗短路能力串联变压器设计技术，攻克了核心设备研制难题，相关成果凝练形成设备技术规范和验收标准。

在调试运维方面，提出了快速旁路系统整组触发试验技术，首创超大容量串联变压器突发短路试验平台，建立 UPFC 控保系统闭环模拟试验系统，提出 UPFC 成套设备系统试验流程、技术和方法，建立了入网性能优化的指标体系，相关成果凝练形成 UPFC 调试运维相关标准。

也就是说，UPFC 标准综合体的构建过程，规划设计、关键设备、调试运维等各环节单项标准的研制过程，以及标准在零件级、部件级、系统级之间的协调配合过程，都全面融合了技术创新元素，推动标准供给全面满足了 UPFC 产业的高质量发展需求。

UPFC 标准综合体的标准对象选取、综合标准化目标设定、系

统性分解、标准整体布局，在 UPFC 产业技术突破和技术提升的不同阶段，通过源头上重大科技项目的技术攻关，最大程度识别出能够实现标准化的统一事项。同时，工程建设所需标准，也催生了新的科技项目。"采用新型 FACTS 技术提高 220kV 分区电网供电能力的研究""大容量混合型 UPFC 技术及其应用研究""基于分布式潮流控制的输电网柔性交流潮流控制技术研究"等科技项目成果，为 UPFC 入网调节功能和试验标准研制注入了新的动力。

三、标准研制规范产业发展、科研攻关带动产业升级

UPFC 科技研发和标准研制为 UPFC 产业发展和升级提供了基础保障。在科技研发与标准研制互动过程中，UPFC 关键技术、装备被视为一个对象，通过系统分析，以 UPFC 规划设计系统化、成套设备规范化、调试运维标准化为目标，形成整体性 UPFC 技术标准框架，并据此开展相关标准研制工作。

在国家电网有限公司 UPFC 系列企业标准的基础上，完成国家标准、行业标准和企业标准的整体布局，UPFC 国家标准、行业标准，以及国家电网有限公司 UPFC 企业标准分别见表 5-3 和表 5-4。

表 5-3   **UPFC 国家标准、行业标准**

序号	级别	标准号	名称	状态
1	国家标准	—	统一潮流控制器技术规范	已立项
2	行业标准	DL/T 1981.1—2019	统一潮流控制器　第 1 部分：功能规范	已发布
3		DL/T 1981.2—2020	统一潮流控制器　第 2 部分：系统设计导则	已发布
4		DL/T 1981.3—2020	统一潮流控制器　第 3 部分：控制保护系统技术规范	已发布
5		—	统一潮流控制器　第 4 部分：换流器技术规范	已立项

续表

序号	级别	标准号	名称	状态
6		—	统一潮流控制器 第5部分：串联变压器技术规范	已立项
7		—	统一潮流控制器 第6部分：旁路装置技术规范	规划中
8		—	统一潮流控制器 第7部分：测量装置技术规范	规划中
9	行业标准	—	统一潮流控制器 第8部分：电气装置安装工程施工及验收规范	规划中
10		DL/T 1981.9—2021	统一潮流控制器 第9部分：交接试验规程	已发布
11		DL/T 1981.10—2020	统一潮流控制器 第10部分：系统试验规程	已发布
12		DL/T 1981.11—2021	统一潮流控制器 第11部分：调度运行规程	已发布
13		DL/T 1981.12—2021	统一潮流控制器 第12部分：设备检修试验规程	已发布

注 表中数据截至 2021 年 12 月。

表 5-4　　　　　国家电网有限公司 UPFC 企业标准

序号	标准号	标准名称
1	Q/GDW 11546—2016	统一潮流控制器工程可行性研究内容深度规定
2	Q/GDW 11547—2016	统一潮流控制器工程设计导则
3	Q/GDW 11548—2016	统一潮流控制器工程分系统调试规范
4	Q/GDW 11549—2016	统一潮流控制器系统调试规范
5	Q/GDW 11550—2016	统一潮流控制器电气装置施工及验收规范
6	Q/GDW 11551—2016	统一潮流控制器用 220kV 油浸式串联变压器技术规范
7	Q/GDW 11552—2016	统一潮流控制器一次设备监造规范
8	Q/GDW 11553—2016	统一潮流控制器一次设备交接试验规程
9	Q/GDW 11554—2016	统一潮流控制器一次设备验收技术规范

序号	标准号	标准名称
10	Q/GDW 11555—2016	统一潮流控制器一次设备检修试验规程
11	Q/GDW 11730—2017	统一潮流控制器技术规范
12	Q/GDW 11731—2017	统一潮流控制器控制保护系统技术规范

上述标准已成为 UPFC 技术工程应用的核心技术文件，在后续更大规模的 UPFC 建设中将发挥重要的指导作用。

在规划设计方面，依据标准规定的规划设计原则和要求，确定最优设备容量、安装选址，形成设备功能灵活配置、电网需求高度适配的 UPFC 工程整体方案，提升了 UPFC 应用水平。

在关键设备方面，依据标准规定的设备技术要求，形成工程设备技术规范书，指导了设备选型；依据标准规定的核心设备技术原则和参数配置要求，设计研制了 UPFC 换流器、串联变压器、控制保护等设备，并完成设备性能检测，产品质量达到国际先进水平。

在调试运维方面，依据标准规定的 UPFC 调试技术及指标体系，建立工程标准化调试试验流程，形成工程调试试验方案，指导完成 UPFC 现场交接试验、系统调试，调试时间相比同规模柔性输电工程缩短 1/3 以上，有效保障了 UPFC 入网高效及安全运行。

2015 年，我国开工建设世界上首个基于新一代 UPFC 技术的 UPFC 工程——南京西环网 UPFC 工程。按照"三位一体"创新理念，连续数年持续推进 UPFC 技术标准的优化迭代完善，有效指导了上海蕴藻浜 UPFC 工程、苏州南部电网 UPFC 工程的建设。其中，上海蕴藻浜 UPFC 工程是世界上第一个户内 UPFC 工程，苏州南部电网 UPFC 工程是世界上电压等级最高、容量最大的 UPFC 工程。截至 2021 年 12 月，世界电压等级最高、容量最大的苏南 UPFC 工程已连续安全运行超过 1440 天。

UPFC 技术及其工程应用，有效提升了区域（局部）电网的潮流控制能力，充分挖掘了电网供电潜能，有效降低潮流越限、失控风险，降低电网因供电能力不足而拉闸限电的影响；减少新建线路，节约宝贵土地资源，为破解经济发达地区电网建设难题提供重要手段，是我国智能电网建设、电力设备智能化发展的重大进步。

国家电网有限公司和江苏、上海等地方政府将 UPFC 列入新技术推广应用计划。目前 UPFC 系列标准已应用于我国所有 UPFC 工程，我国在运 UPFC 工程见表 5-5。

UPFC 的技术攻关和标准制提升了国产装备核心竞争力，推动产业结构化升级。已形成以全国产大容量模块化多电平（MMC）换流阀、控制保护、串联变压器等设备为核心的智能电力装备产业链，推动产业优化升级，提高了我国装备制造业的核心竞争力。

表 5-5　　　　　　　　　　我国在运 UPFC 工程

序号	工程名称	投运时间	示范目的	对接的科技项目
1	南京西环网 220kV 统一潮流控制器工程	2015 年	世界首套基于 MMC 原理的 UPFC 工程	项目 1、3、5、6
2	上海蕰藻浜 220kV 统一潮流控制器工程	2017 年	世界上首个全户内紧凑型的 UPFC 工程	项目 1～10
3	苏州南部电网 500kV 统一潮流控制器工程	2017 年	世界上电压等级最高、容量最大的 UPFC 工程	项目 1～10

第三节　"全流程对接"模式应用

本节重点介绍"全流程对接"工作模式在 UPFC 工程中的实践应用情况，从研究构建 UPFC 标准综合体切入，系统阐述了科研与标准前期对接、中期对接和后期对接三个环节的内涵，最后对 UPFC 科技成果向技术标准转化的 PDCA 过程进行说明。

一、构建标准综合体

采用综合标准化方法，统筹规划 UPFC 技术标准整体布局，建立 UPFC 标准综合体，是在"三位一体"工作思路下开展"全流程对接"模式应用的必要条件。

（一）标准化对象的确立

如前所述，我国电网规模和复杂程度已达世界之最，传统潮流控制手段将难以满足电网尤其是城市电网建设发展需求，研究快速、灵活、精准的潮流控制技术，是我国电网发展亟须解决的关键问题。UPFC 是目前功能最强大的潮流调控装置，为解决潮流分布不均带来的供电能力提升受限问题提供了有效的技术手段，从零件级、部件级到系统级，各级标准间以及每级相关标准间相互关联、相互影响，是一个完整的系统。将 UPFC 技术和应用作为综合标准化对象是合适的，具备充分运用综合标准化方法的条件。

（二）明确的目的、量化的目标引领标准化全过程

UPFC 科技研发目的非常明确：攻克电网潮流控制技术，瞄准 220kV 及 500kV 输电网，解决因潮流分布不均限制电网供电能力的电网发展瓶颈问题。其内涵是通过自主创新先进 UPFC 技术，升级电力智能装备产业，实现潮流快速、灵活、精准控制。这样一个明确的目的受到国家、行业、企业（国家电网有限公司）各层面的高度重视，布局开展了一系列科技研发工作，为 UPFC 标准综合体构建提供了基础。

综合标准化不仅要有明确的目的，而且要将其转化为具体的目标。目标是整个标准综合体的灵魂，是技术决策的依据，是标准化的主攻方向。UPFC 综合标准化与经典综合标准化的过程有所差异，具有鲜明的周期较长的特点，从核心技术研发、实验室样机、装备生产、工程建设、工程调试、示范工程、工程推广，一般需要短则几年长则 5 年以上。这就更加需要科研、标准、产业（工程）的"一体化"推进，以科技成果为基础、以工程检验为手段，不断优化标

准参数、指标、要求，保证标准综合体的生命力和有效性。

（三）整体性原则体现于技术协调的始终

整体性是综合标准化的突出特点，从整体效果最优出发进行整体技术协调，是综合标准化的核心要义。运用综合标准化的"风险"与"精彩"都体现在这个整体协调的过程中。

为了达到基于 UPFC 系列技术成果，实现支撑电网潮流快速、灵活、精准控制的标准综合体的构建目标，需对其构成要素进行梳理和分析。UPFC 是利用电力电子的高度可控技术，通过特殊的接入电网方式来解决潮流控制问题的。因此，UPFC 接入电网的规划设计以及 UPFC 结构和功能设计可以认为是需重点攻克的 UPFC 核心关键技术。同时，UPFC 是种类繁多的高技术装备的高度集成，其核心设备研制需要攻克一系列技术难关。因此，UPFC 规划设计技术、关键设备技术可看作是构建 UPFC 标准综合体应考虑的两个主要要素。另外，从技术创新到解决电网难题需要攻克 UPFC 调试运维技术作为支撑，这是构建 UPFC 标准综合体应考虑的第三个要素。这三个要素在 UPFC 标准综合体构建过程中，相互作用、协调配合，每两个要素间矛盾的协调成功都体现出对 UPFC 技术进步的推动。

（四）系统性开展标准类别布局

为达到攻克 UPFC 系列技术难题，形成标准综合体，实现支撑电网潮流快速、灵活、精准控制的综合标准化目标，UPFC 标准综合体构建过程中综合考虑了规划设计系统化、关键设备规范化、调试运维标准化的整体性原则。

从 UPFC 标准的布局深度来看，涵盖了规划设计、关键设备、调试运维等环节；从标准的类别布局来看，应包括国家标准、行业标准、企业标准等。各类标准"各施其职"，在 UPFC 产业发展和工程建设中各自发挥自身作用。国家标准主要解决在全国范围内需要跨行业协调的技术事项，行业标准主要解决在行业内需要协调统一的技术事项，而企业标准则强调了整体工程的全覆盖，侧重于解决 UPFC 工程的现场调试和运行维护等技术事项，并在其他方面提出高于同类国家标准、行业标准的技术要求。

二、科研—标准"全流程对接"

瞄准 UPFC 产业的发展需求，最大程度继承现有国内外技术和标准化成果，在 UPFC 标准综合体整体布局框架下，采用"现代模块化+技术创新"深度融合的方式，开展科研与标准的"全流程对接"，将 UPFC 科技创新成果有序转化为各类技术标准，实现科技成果向技术标准的高质量、大规模和有效转化。

（一）科研—标准"前期对接"

在电网发展提出潮流的快速、灵活、精准控制需求之时，我国尚未全面掌握 UPFC 技术。因此，UPFC 技术攻关、标准研制和工程建设几乎都是从零开始。技术研究和工程建设均没有成熟经验可以借鉴，这将进一步带来一系列新的技术创新和高质量的标准化需求。因此，需系统性研究识别 UPFC 在规划设计、关键设备、运行维护各方面的技术攻关任务、标准研制的主体内容以及需要协调的技术事项，通过确立科技攻关方向、确立技术协调事项，最终策划申请科研攻关项目（含标准化科研项目），及时形成各类标准提案，推动立项并组织研制。

科研—标准"前期对接"过程，相当于综合运用"现代模块化+技术创新"的一个前期分解过程，也就是如何将一个结构、功能、性能等系统要素多、特性复杂、协调匹配性强的系统，科学划分为若干合理的、多个层级的模块，同时识别需要界定清晰的模块间设计规则（标准）的过程。

1. 规划设计

为实现电网潮流精准灵活控制，UPFC 需同时调节输电系统电压、相角和阻抗。UPFC 换流技术是其核心技术。长期以来，国际上仅美国企业掌握基于门极可关断晶闸管（GTO）的三电平多重化

UPFC 技术，但其可靠性低、损耗大、谐波高。为支撑我国 UPFC 产业健康有序发展，就需要研究制定统一的、高于美国技术的 UPFC 技术规范、设计导则等标准，涉及 UPFC 核心单元整体设计、参数选择及其匹配原则等内容，需要开展 UPFC 规划设计攻关。

UPFC 换流器长期处于宽调制比运行工况，其可靠经济运行需均衡电压、降低损耗和减小谐波，但三个方面互为约束难以协调；我国电网输电断面大多由两回及以上线路组成，UPFC 串联接入输电线路，换流器功率与线路功率无直接映射关系，导致难以精准控制。此外，UPFC 对电网安装地点和容量大小的敏感度较高，确定 UPFC 的最优安装位置和容量也是工程应用中的关键问题。

针对上述难题，确定在以下几个方面开展研究：

（1）研究提升 UPFC 换流技术，解决国外 UPFC 换流器基于三电平多重化技术导致的均压难、驱动功率大、容量受限等问题。

（2）研究适用于多回输电线路 UPFC 拓扑结构，且同比国外拓扑结构节省换流器容量。

（3）研究提出 UPFC 工程选址定容技术，明确工程设计原则。

基于以上技术创新需求，推动设立 UPFC 关键技术研究及试验示范相关国家科技项目 1 项、国家电网有限公司科技项目 4 项，策划 UPFC 核心单元整体设计、参数选择及其匹配原则相关标准，预期支撑实现电网潮流灵活控制，解决长期困扰我国电网经济运行的核心技术难题。

2. 关键设备

UPFC 关键设备相关标准，主要包括关键设备技术规范、控制保护技术规范，涉及换流器、控制保护系统、串联变压器、晶闸管旁路开关等，设备研制难度大，且制造工艺复杂。主要面临以下技术难题：UPFC 串联接入输电线路，电网一旦故障将承受大电流冲击，而电力电子器件耐冲击能力较差；UPFC 成套控制保护技术复杂，稳态运行时功率协调与解耦控制、电网短路时的故障隔离及穿越等实现难度大；串联变压器需耐受电网故障时大短路电流冲击、雷击线路时绕组传递过电压以及阀侧绕组开路时的高倍过励磁等。针对以上难题，需开展以下技术研究：

（1）研制紧凑型换流阀，实现电磁场分布、结构强度和结温裕度等多目标综合优化。

（2）创建多时序协同配合的故障快速旁路系统，避免电网故障电流对换流器的冲击。

（3）创建多回线路功率解耦和快速故障穿越的 UPFC 控制保护技术。准确辨识线路故障，在线路故障时实施主动穿越控制，抑制故障穿越电流不超过最大耐受能力。

（4）创建串联变压器优化设计技术，解决 UPFC 串联变压器网侧绕组绝缘耐压能力要求高，存在绕组两侧雷电入侵导致中部叠加高过电压的制造难题。

基于以上技术创新需求，推动设立电网潮流控制成套设备相关国家科技项目 1 项、国家电网有限公司科技项目 3 项、地方科技项目 1 项。同步策划 UPFC 成套设备技术要求体系及配合原则、UPFC 成套设计方法，预期实现系统参数及功能性能的优化配合。基于成套设备规范，可指导研制大容量 UPFC 换流器、UPFC 控制保护系统、大容量串联变压器、晶闸管旁路开关等装备，预期实现先进技术成果的产业化。

3．调试运维

UPFC 技术国内无应用先例，缺乏调试试验、调度运行等工程应用相关标准，在技术上还需突破如下难题：UPFC 设备性能和参数要求高，运行工况复杂，对成套设备进行高复杂工况、高性能要求下的试验检测技术难度大；UPFC 在进行电网潮流调控时，由于电网中负荷和电源出力时刻波动，且电网状态突变时有发生，要求快速自适应，但电网和 UPFC 模型高度非线性，UPFC 控制目标及策略快速优化难度大。针对以上难题，需开展以下技术研究：

（1）研究串联变压器、换流阀等设备试验方法，实现从单体到系统、离线到在线、稳态到动态完整的性能和功能检测机制，规范 UPFC 工程调试流程和要求，形成 UPFC 调试和检修试验等技术标准。

（2）研究基于电网潮流动态优化调节的 UPFC 在线调控运行技术，实现 UPFC 应用于电网调度运行的最优化。

基于以上技术创新需求，推动设立 UPFC 优化调度、闭环测试技术研究等国家科技项目 1 项、国家电网有限公司科技项目 2 项，同步策划相关技术标准。这些标准成果将全面指导我国 UPFC 工程的建设运行，实现区域（局部）电网潮流的灵活控制，为提升电网供电能力发挥巨大作用。

（二）科研—标准"中期对接"

科研—标准"中期对接"是实现产出"具有标准化基因的创新成果"目标的关键环节，是协同开展 UPFC 科技研发和标准研制工作的重要步骤。

1. 规划设计

在规划设计方面，首次从 UPFC 站址容量选择、电气主设备、控制保护系统、配套交流线路工程、节能环保措施分析、投资估算及经济评价等方面，对 UPFC 工程的必要性、系统方案及工程方案做出规定，首次提出了 UPFC 工程标准化设计原则、设计要求与设计方案，系统规定了选址定容、电气设计、主要设备选型、控制和保护设计等设计内容，保障 UPFC 工程建设的安全性、经济性和可靠性。主要体现在以下几个方面：

（1）为解决 UPFC 的最优安装位置和容量选择难题，基于同期开展的科研项目成果，标准中创新提出了考虑多目标优化的 UPFC 工程选址定容技术原则，综合考虑全寿命周期成本、电网近远期规划、不同功能集成整合等多重目标，相比 DL/T 5218《220kV～750kV 变电站设计技术规程》等，设计考虑更加全面，指导性更强。

（2）针对 UPFC 换流器需耐受大电流短路冲击的问题，基于同期开展的科研项目成果，标准中首次提出了利用晶闸管旁路开关保护换流器的工程设计方案，相比 GB 50064《交流电气装置的过电压保护和绝缘配合设计规范》、GB 50065《交流电气装置的接地设计规范》等相关标准，对换流器保护的技术含量更高，保护作用更加显著。

（3）为限制交流系统的雷电和操作过电压，针对 UPFC 工程设计导则，基于同期开展的科研项目成果，创新提出了跨接避雷器的设计方案，明显高于 GB 50064《交流电气装置的过电压保护和绝缘配合设计规范》等相关标准中的过电压保护配置要求。

（4）针对 UPFC 运行工况复杂，对保护要求极端严苛的问题，基于同期开展的科研项目成果，在工程设计导则中创新提出 UPFC 保护、测量双冗余结构，每个保护区域的保护应采用双重或三重化的冗余配置。相比 GB/T 14285《继电保护和安全自动装置技术规程》、DL/T 5218《220kV～750kV 变电站设计技术规程》关于保护系统的要求，对控制保护系统的配置要求更严格，技术水平更高。

2. 关键设备

将 UPFC 关键设备按照部件级的深度分解为 MMC 换流阀、串联变压器、快速旁路装置及控制保护系统。基于 UPFC 成套设备研制及应用成果，形成 UPFC 关键设备技术体系，综合考虑 UPFC 接入电网运行特性及设备选型的经济性、安全性和通用性，提出关键设备技术要求，实现设备设计、生产、安装、检验的规范化。

换流阀是 UPFC 实现潮流控制的核心装置。采用 MMC 换流阀的 UPFC 全世界独创，结合 UPFC 系统结构、换流阀应用的特殊性，提出了模块电压多阈值优化、宽范围自取能 UPFC 用 MMC 换流阀技术，实现换流阀损耗降低和谐波减少技术要求间的协调；给出了分层分段、环抱式紧凑型 MMC 换流阀塔优化设计和安装方案，大幅度减小阀塔占地面积；提出 UPFC 换流阀电气和结构设计方法，给出了 MMC 子模块电容、数量等关键参数选择原则。相关成果形成了 Q/GDW 11547《统一潮流控制器工程设计导则》、Q/GDW 11550《统一潮流控制器电气装置施工及验收规范》、Q/GDW 11552《统一潮流控制器一次设备监造规范》中 UPFC 换流阀设计、安装、监造及试验的技术条款。提出的换流阀总体损耗、谐波等核心技术指标明显优于国外水平。

串联变压器是 UPFC 接入电网的关键装置。Q/GDW 11551《统一潮流控制器用 220kV 油浸式串联变压器技术规范》给出了串联变压器的技术要求，针对串联变压器网侧绕组主绝缘、纵绝缘不匹配的问题，提出网侧绕组纵向绝缘水平和横向绝缘水平独立设计方法；针对传统绝缘试验方法无法适用的难题，提出了串联变压器网侧绕组外施交流耐压带局放测量试验方法，实现了串联变压器绝缘水平的试验验证；针对串联变压器特殊工况下过励磁冲击大的问题，提出了串联变压器承受网侧短路、阀侧开路工况下过励磁冲击的能力要求，有效避免了远高于传统变压器过励磁冲击对串联变压器的危害。提出的串联变压器技术为国内首创，其绝缘配合和试验指标均高于 IEC 60076.3、GB/T 1094.3《电力变压器　第 3 部分：绝缘水平》等国内外同类标准要求。

晶闸管旁路开关（TBS）是 UPFC 防范故障冲击的关键装置。针对电网故障时，故障电流冲击可能造成换流阀损坏或跳闸、引起串联变压器严重过激磁等问题，提出了基于 TBS 与快速机械式旁路开关相配合的超高速旁路技术，实现了串联变压器和换流阀多层次防护；明确了 TBS 与换流阀的耐受冲击、闭锁时序间配合要求，TBS 触发导通延时应不超过 2ms；基于此，形成 TBS 与机械旁路开关控制配合时序、要求及后备保护措施。相关内容形成 Q/GDW 11547《统一潮流控制器工程可行性研究内容深度规定》、Q/GDW 11550《统一潮流控制器电气装置施工及验收规范》、Q/GDW 11552《统一潮流控制器一次设备监造规范》、Q/GDW 11554《统一潮流控制器一次设备验收技术规范》中 TBS 参数计算、安装、监造及试验的技术条款，提出的 TBS 耐冲击电流及试验指标均高于国内外同类标准要求，能快速有效防范网侧故障对换流阀、串联变压器等核心设备的冲击。

控制保护系统是 UPFC 的"大脑"和"卫士"。基于新一代 UPFC 拓扑结构，提出了线路功率解耦控制、换流器平滑启停、故障穿越、双回线路多换流器协调控制等策略；明确了 UPFC 换流器级、基于电网潮流调节需求的系统级的控制功能需求及应用要求；提出了 UPFC 接入电网的继电保护技术要求及其与电网协调配合方案和原则，提升了 UPFC 对电网运行的功能作用、可靠性和灵活性。相关内容形成 Q/GDW 11547《统一潮流控制器工程可行性研究内容深度规定》、Q/GDW 11548《统一潮流控制器工程分系统调试规范》中 UPFC 控制保护设计及试验的技术条款。相关控制保护功能在国外 UPFC 应用文献中未见报道，克服了国外 UPFC 技术仅对线路功率进行调节的局限。

3. 调试运维

工程调试运维是 UPFC 技术应用的关键，是检验装备制造、安装合格性和性能、功能完整性的重要环节。将 UPFC 调试运维按照部件级的深度分解为 UPFC 工程标准化调试及试验技术体系，UPFC 成套设备及系统功能和性能指标检测要求，UPFC 调试运维试验的流程、方法和要求，三者相互协调保证了 UPFC 运行可靠性和安全性。

经过技术攻关建立了 UPFC 工程标准化调试和运维检验模式。Q/GDW 11548《统一潮流控制器工程分系统调试规范》、Q/GDW 11549《统一潮流控制器工程系统调试规范》、Q/GDW 11553《统一潮流控制器一次设备交接试验规程》、Q/GDW 11555《统一潮流控制器一次设备检修试验规程》等标准系统规定了 UPFC 主设备单体交接试验、分系统调试、系统调试、运维检修等阶段的试验条件、试验项目、试验内容和试验要求，实现了从单体到系统、离线到在线、稳态到动态、调试到运行的完整的性能和功能验证和检测机制。相关标准有效提升了 UPFC 整体功能、性能和 UPFC 接入电网的协调运行能力，保证了成套装备运行可靠性和安全性。

建立 UPFC 换流阀、串联变压器、TBS 等核心设备试验技术方法。研究提出 UPFC 换流阀充电触发等检测方法，实现换流阀整体触发性能测试；首创超大容量串联变压器突发短路试验方法，可实现串联变压器耐受短路故障冲击性能的有效测试，指导形成了 Q/GDW 11553《统一潮流控制器一次设备交接试验规程》中相关设备试验方法和关键指标要求；发明 UPFC 快速旁路系统整组触发试验方法，给出关键指标和验收要求，实现旁路时间、控制时序及配合策略的有效测试，相关内容形成 Q/GDW 11548《统一潮流控制器工程分系统调试规范》中快速旁路系统试验的条款。

建立 UPFC 成套设备带电系统调试试验技术方法，制定 UPFC 调试试验技术规程和规范。研究提出 UPFC 设备充电、系统运行、稳态及动态性能、故障穿越等全过程试验流程和指标体系；提出多回线路 UPFC 协调控制试验、静止同步串联补偿器功能试验、UPFC 电网级控制功能试验的方法和要求。提出的 UPFC 功率控制响应时间、控制误差等核心指标显著优于国外技术要求。UPFC 工程实践表明，Q/GDW 11549《统一潮流控制器工程系统调试规范》建立的兼顾电网安全、试验效率的标准化 UPFC 系统调试技术体系，能有效保证 UPFC 入网功能与性能。

建立 UPFC 工程运维检修技术方法。针对 UPFC 设备种类多、特殊性强等特点，Q/GDW 11555《统一潮流控制器一次设备检修试验规程》规定了 UPFC 巡检及年度检修试验项目，首次明确了串联变压器、换流阀及水冷系统、晶闸管旁路开关、控制保护等设备及系统日常巡检、例行试验、年度检修的周期、项目、要求及方法，实现 UPFC 运维有章可循。

（三）科研—标准"后期对接"

经过科研与标准"前期""中期"对接，在 UPFC 规划设计系统化、关键设备规范化、调试运维标准化方面取得突破：

（1）规划设计。国际上首创模块化多电平 UPFC 技术，拥有完全自主知识产权，打破了国外 UPFC 技术垄断，形成 UPFC 规划设计标准化方法，解决了一项长期困扰我国电网运行的潮流控制设计技术难题。

（2）成套设备。攻克了 UPFC 换流阀、串联变压器、快速旁路开关、控制保护等关键设备研制难题，建立了 UPFC 成套设备技术体系，提出设备技术要求和参数选择方法，实现设备研制规范化和优化配合，促进了新一代 UPFC 技术及研发成果的产业化。

（3）工程应用。创建了 UPFC 系统化工程应用技术规范，提出 UPFC 工程选址定容技术原则、在线调控技术、调试试验和运维检修方法，规范并全面指导了我国所有 UPFC 工程的建设运行。

我国自主攻关的新一代 UPFC 技术成果和 UPFC 系列标准已应用于我国所有 UPFC 工程。其中，国家电网有限公司 UPFC 系列企业标准是我国首批"科技成果转化为技术标准试点"支撑项目。2015年 12 月，在南京建成国际上首个模块化多电平 UPFC 工程，首次实现我国电网潮流的快速、灵活、精准控制，提升南京地区供电能力60 万 kW；2017 年 11 月，在苏州建成世界上容量最大、电压等级最高的 UPFC 工程，提升清洁能源消纳能力 130 万 kW。该技术和标准中模块化多电平换流器及控制保护等核心技术已应用于江苏、浙江、内蒙古等多省百余项 MMC 型 STATCOM（又称 SVG，UPFC的并联部分）工程中，有效解决了应用地区电网的动态电压支撑不足、供电能力受限等问题，并输出至北美、东南亚等地。

UPFC 工程投运相当于通过了科技项目的后评估，所有成果均得到实践检验。对比国外 UPFC 工程最高水平，应用我国 UPFC 技术和标准所建成的工程功能与性能如表 5-6 所示。

表 5-6   我国 UPFC 技术和标准所建成的工程功能与性能

指标	我国工程应用技术水平	国外最高水平 （美国 Marcy/INEZ 工程）
电压等级	500kV	345kV
容量	750MVA	320MVA
换流阀损耗	＜0.8%	约 2%
波形质量	输出电压谐波含量低，VTHD＜1%	输出电压谐波含量高，VTHD＞2%
控制功能	潮流、无功电压控制、运行优化、紧急控制等 9 种	潮流控制、无功电压控制等 3 种
电网适应性	适用于多回线路，换流器互为备用，可靠性高	仅单回线路，换流器无法相互备用
占地	灵活 MMC 拓扑，节约占地约 30%	复杂多重化拓扑，需耦合变压器，占地大

注   VTHD 为总谐波电压畸变率。

　　我国经过工程验证的 UPFC 技术整体达到国际领先水平。通过后评估，也发现了标准中存在的一些问题，主要体现为调试规范中部分指标比较宽泛。其主要原因是由于在标准推广应用之前，无法大量收集工程运行数据，对于动态响应时间等 UPFC 性能指标的制定留有了较大的裕度。通过工程的验证和对技术的进一步优化，已形成了更加严格、更加能够反映我国新一代 UPFC 技术水平的 UPFC 工程及性能指标体系。对此，涉及相关指标的 UPFC 系统调试规范、UPFC 技术规范等标准随即启动修订工作，以保证标准的适应性、先进性。

　　随着 UPFC 投运工程的增加，对现有 UPFC 标准综合体提出新的标准制修订需求。如，在原有的 UPFC 系列标准中涉及投运后调试运维的标准较少。UPFC 控制方式灵活且控制手段丰富，如何实现电网中的高级应用，是未来需要深入研究的课题。特别是"碳达峰、碳中和"背景下，新能源大量接入，对新能源就地消纳和潮流调节装备的调控水平提出了新要求；另一方面，随着电力电子技术的发展，UPFC 接入的地区出现多种柔性交流输电（FACTS）装置（如 STATCOM）联合接入的情况，如何协调多种 FACTS 装置实现对电网的优化调度也是需要重点研究的课题。需要对 UPFC 调控相关标准进行修订，以面对新能源大量接入的未来发展趋势，以及多种 FACTS 装置协调调控的新要求。

三、UPFC 科技成果转化为技术标准的 PDCA 实践

2006—2020 年，我国 UPFC 技术、标准和产业经过两次科技变革，经历了两次 PDCA 外循环。第一次是 2006 年之前，全球仅美国公司掌握 UPFC 技术，我国经过 10 年技术攻关、标准研究，形成了完善的新一代 UPFC 技术，于 2015 年建成了国内首座 UPFC 工程——220kV 南京西环网 UPFC 工程，打破了美国企业独家垄断并且实现了技术超越。经过科技研发、标准研制、工程实践的相互促进，2017 年国家电网有限公司发布了 UPFC 系列标准。与当时既有同类相关标准相比，其性能指标各方面均具有明显提升。第二次是在 220kV 南京西环网首次应用后，经过实践检验和优化提升，UPFC 系列标准全面推广应用于指导上海蕴藻浜 UPFC 工程、500kV 苏州南部电网 UPFC 工程。经过再次科技研发、标准研制、工程实践的迭代更新和升级，2018 年提出 12 项行业标准规划并逐次推进立项，以期为 UPFC 技术在更大范围内推广应用提供统一的技术要求，规范产业方向。截至 2021 年 12 月，已发布行业标准 7 项，立项行业标准 3 项。此外，国家标准《统一潮流控制器技术规范》正在编制中，UPFC 系列企业标准也已启动全面修订。在每个技术时代，在"三位一体"工作思路、"全流程对接"工作模式下的科研、标准、产业（工程）的供需交互过程，形成了 UPFC 工程的 PDCA 内循环。

（一）技术更新

自 2006 年开始 UPFC 技术攻关，到 2015 年南京西环网 UPFC 工程建成投运，我国首次实现了灵活潮流控制，解决了南京西环网近景年和远景年的潮流双向调节需求。经过两年的技术再创新，将

UPFC 技术应用提升至 500kV，建成了苏州南部电网 UPFC 工程。

1. 对比美国技术，我国 UPFC 技术实现突破

经过"电网潮流控制技术及装置"等科技项目、UPFC 系列标准以及我国 UPFC 产业三者相互作用的实践，形成了新一代 UPFC 技术、标准和工程。将我国 UPFC 关键技术指标与此前代表国际最高水平的美国 Marcy、INEZ 等工程进行比较，均优于国外同类技术最高水平。科研成果和工程升级具体体现在：

核心技术方面，国际上首次提出拓扑可灵活变换的模块化多电平 UPFC 技术，拥有完全自主知识产权，取得了 UPFC 核心技术的重大突破，获得授权发明专利 11 项（含美国专利 2 项），打破了国外 UPFC 技术垄断。核心技术主要指标明显优于国外最高水平，在总体损耗方面，国外技术约 2%，我国技术小于 0.8%；在谐波方面，国外技术大于 2%，我国技术小于 1%；占地面积比国外减小约 30%，可节省换流器容量超过 25%。

成套设备方面，突破了 UPFC 换流器、串联变压器、控制保护、TBS 等成套装备关键技术，首次构建 UPFC 成套装备技术体系及其配合原则，提出了综合需求匹配的 UPFC 成套设计方法，实现了系统参数及功能性能的优化配合，获得授权发明专利 12 项；依据标准技术要求，TBS 可耐冲击电流 70kA，优于国外技术要求 42kA；串联变压器网侧绕组全绝缘设计，网侧绕组端间雷电全波冲击耐受电压达 4 倍额定电压，抗短路能力达 50kA/2s，远高于传统变压器要求，国外技术未见特殊要求；具有 9 种控制功能，国外技术仅 3 种。

工程应用方面，提出了基于多目标优化的 UPFC 工程选址定容技术原则，发明了基于电网潮流动态优化调节的 UPFC 在线调控运行技术，实现了 UPFC 应用于电网调度运行的规范化；攻克串联变压器、换流阀等设备试验技术难题，首创 UPFC 成套设备系统带电试验方法，规范了 UPFC 工程调试流程和要求，获得发明专利 9 项。依据本技术要求，投运的 UPFC 设备最高电压 500kV，最大容量

750MVA，国外分别为 345kV 和 320MVA；UPFC 功率控制响应时间低于 90ms，控制误差低于 0.5%，显著高于国外 300ms 和 1% 的同类技术要求；UPFC 可综合用于调节线路潮流并优化电网潮流分布，而国外仅用于调节线路潮流。

2. 应用电压等级提高，UPFC 技术实现提升

500kV 电网影响范围更大，对设备的绝缘水平要求更高，对于 UPFC 的设备研制和接入后的调节性能提出了更高要求。2015 年至 2017 年，经过又一次 PDCA 外循环，在"三位一体"工作思路指导下攻克了大量技术难点，研制了世界上电压等级最高、容量最大的独立式串联变压器，世界上电压等级最高的自冷式交流式晶闸管阀组，使我国成为世界上首个掌握 500kV UPFC 成套设备技术的国家。

以串联变压器的研制为例，不同于普通变压器，由于 UPFC 工程用串联变压器高压侧绕组串联在 500kV 线路中，其高压首、末端对地绝缘水平均需要按照线路电压等级来设计，同时对串联变压器抗短路能力和过负荷能力的要求远高于常规产品。考虑 UPFC 串联变压器用途、参数要求的特殊性，该串联变压器的设计制造难度相对较大。针对串联变压器在设计、制造、运输等方面的关键技术和关键难点，需进行科研攻关和技术创新。在进行了电场、磁场、热点温升、抗短路能力、噪声等系统全面的量化分析验证后，最终成功研制出应用于 500kV 电网的串联变压器，全面掌握了串联变压器的设计、工艺、制造、试验技术，并形成相应的标准化成果。

（二）标准实施

经过第一次 PDCA 外循环，形成基于新一代 UPFC 技术的国家电网有限公司 UPFC 系列企业标准。相比此前其他相关领域标准，经过综合标准化创新，使得 UPFC 系列标准具有很强的先进性。以规划设计方面标准为例，首次从 UPFC 站址容量选择、电气主设备、控制保护系统、配套交流线路工程、节能环保措施分析、投资估算及经济评价等方面，对 UPFC 工程的必要性、系统方案及工程方案

进行了规定，首次提出了 UPFC 工程标准化设计原则、设计要求和设计方案，系统规定了选址定容、电气设计、主要设备选型、控制和保护设计等设计内容，保障 UPFC 工程建设的安全性、经济性和可靠性。与 GB 50064《交流电气装置的过电压保护和绝缘配合设计规范》、DL/T 5218《220kV～750kV 变电站设计技术规程》等同类国家标准、行业标准相比，技术要求更高。

经过第二次 PDCA 外循环，在研究 UPFC 在 500kV 电网的应用过程中，经过技术成果和标准成果应用于产业、产业催生新的技术和标准需求的迭代过程，积累了更多 UPFC 试验、实测数据，收集了 UPFC 应用于不同电网、不同工况下的运行数据，形成了更加全面和严格的 UPFC 试验指标体系，如 UPFC 并联侧以及串联侧所有运行方式下的动态阶跃试验指标要求等，实现了 UPFC 系列标准的再次升级。

我国建成并稳定运行的 UPFC 工程，证明了新一代 UPFC 技术的先进性和可行性，也验证了科研—标准—产业（工程）"三位一体"工作思路和"全流程对接"工作模式的实用价值。随着能源电力技术不断发展，这种科技成果转化为技术标准的模式方法还将不断循环往复发展下去，在更多领域得到应用。

第六章

柔性直流输电项目案例

柔性直流输电是采用电压源换流器进行电能变换和传输的新型直流输电技术，在新型电力系统建设过程中不可或缺，应用场景十分广阔。近十年来，我国柔性直流输电技术从无到有、从弱到强，飞速发展壮大，相继建成一系列柔性直流输电工程。我国柔性直流输电技术、标准、产业（工程）的发展历程也是"三位一体"工作思路、"全流程对接"工作模式的生动实践。本章对此进行系统介绍。

第一节 项 目 简 述

1990 年，加拿大 Boon-Teck Ooi 等人首先提出柔性直流输电（简称柔直）技术的概念。在此基础上，ABB 公司于 1997 年 3 月在瑞典进行了首次工业性试验。CIGRE 和 IEEE 将其定义为电压源换流器型高压直流输电，ABB 公司称之为轻型直流输电，我国称之为"柔性直流输电"。

目前柔直换流器拓扑结构主要有开关型（如两电平或三电平）和可控电源型两大类。可控电源型换流器也称为模块化多电平换流器，具有开关频率低、输出波形质量高等优势。因此，2011 年以后世界上在建的绝大部分柔直工程均采用此技术路线。

一、柔直系统结构

柔直系统的典型结构如图 6-1 所示，主要包括电压源换流器

（VSC）、联结变压器、换流电抗、直流电容、直流电缆或架空输电线路及相关辅助设备。

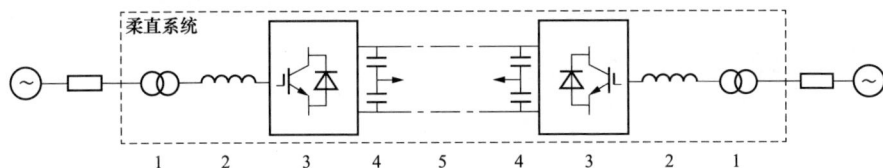

图 6-1 柔直系统的典型结构

1—联结变压器；2—换流电抗；3—电压源换流器；4—直流电容；

5—直流电缆或架空输电线路

电压源换流器由大功率可关断电力电子器件及其反并联二极管构成，通过其中的可关断电力电子器件，使电能在交流和直流系统之间进行交换。联结变压器可采用常规的单相变压器或者三相变压器，向电压源换流器提供交流功率或从换流器接受交流功率，并将交流电网侧的电压变换到合适的水平。换流电抗是电压源换流器与交流系统之间的功率传送的桥梁，决定了换流设备功率的大小。直流电容是电压源换流器的基本储能元器件。直流电缆或架空输电线路是电压源换流器与交流系统之间功率传送的载体。对于"背靠背"柔直系统，一般不需要直流电缆或架空输电线路。

二、柔直理论基础

柔直系统的整流站从交流系统吸收有功功率，并通过直流网络传输到逆变站，由逆变站注入交流系统。柔直系统交流侧基波等效原理图见图 6-2。

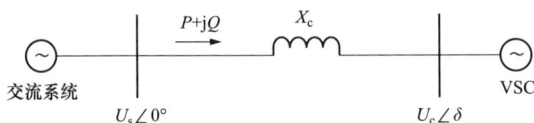

图 6-2 柔直系统交流侧基波等效原理图

设交流母线电压基波分量为 $\dot{U}_s$，换流器输出电压基波分量为

$\dot{U}_c$，且 $\dot{U}_c$ 滞后于 $\dot{U}_s$ 的角度为 δ。当不计联结变压器和换流电抗器的电阻时，$\dot{U}_c$ 和 $\dot{U}_s$ 共同作用于联结变压器和换流电抗器的等效电抗为 X_c，则电压源换流器与交流系统间交换的有功功率 P 和无功功率 Q 的计算公式见式（6-1）。

$$\begin{cases} P = \dfrac{U_s U_c}{X_c} \sin\delta \\ Q = \dfrac{U_s(U_s - U_c \cos\delta)}{X_c} \end{cases} \tag{6-1}$$

有功功率传输主要取决于 δ，当 $\delta > 0$ 时，电压源换流器吸收有功功率，运行于整流状态；当 $\delta < 0$ 时，电压源换流器发出有功功率，运行于逆变状态；因此，只需要调节 δ 就可以控制有功功率的大小和方向。无功功率传输主要取决于电压源换流器交流侧输出电压的幅值 U_c，当 $U_s - U_c \cos\delta > 0$ 时，电压源换流器吸收无功功率；当 $U_s - U_c \cos\delta < 0$ 时，电压源换流器发出无功功率；因此，只需要调节 U_c 就可以控制电压源换流器发出或吸收的无功功率。

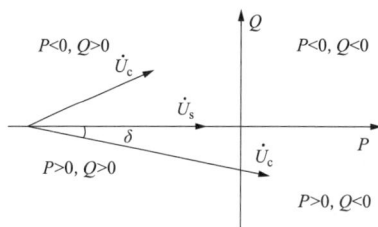

图 6-3　柔直系统稳态运行
基波相量图

柔直系统稳态运行基波相量图如图 6-3 所示。从系统角度来看，电压源换流器可视为无转动惯量的电动机或发电机，可以实现有功和无功功率的瞬时独立调节，四象限运行。

三、柔直应用场景

柔直系统克服了传统直流系统的固有缺陷，由于可以快速独立地控制与交流系统交换的有功和无功功率、控制公共连接点的交流电压、潮流反转方便灵活、可以自换相，因此具有提高交流系统电压稳定性、功角稳定性、事故后快速恢复等功能。加之设计施工方便灵活、施工周期短、电磁场较小、噪声较小、没有油污染的特点，使得柔直技术特别适合在新能源并网、构筑城市直流输配电网、偏远地区供电、海上钻井平台或孤岛供电、大电网柔性互联等场景中大规模应用。

1. 新能源发电并网

由于资源特点、地域和环境限制，风力发电、太阳能发电和潮汐发电等新能源发电场（站）往往远离电网和主负荷区，如何将这些具有波动性、间歇性、不可控性特点的电源安全可靠地与电网互联是新能源发电发展中需要解决的关键问题。柔直系统对交流电压的控制能力以及对交流系统故障的隔离能力，可以有效解决这一问题进而提高电网对新能源发电的消纳能力。

2. 构筑城市直流输配电网

随着社会经济不断发展、城市规模不断增大，对于大多数大中城市而言，其空中输电走廊已没有太大发展空间。在原有架空配电网络不能满足电力增容要求的情况下，一种合理的方法是采用电缆输电，充分利用地下空间。直流电缆不仅比交流电缆占有空间小，而且能够输送更多的有功功率。柔直技术的应用使得大规模电缆输电成为可能。采用柔直技术向城市中心区域供电已成为城市增容的最佳途径之一。

3. 偏远地区供电

偏远地区一般远离电网，负荷轻而且日负荷波动大，经济因素及线路输送能力是限制采用交流输电技术的主要因素。采用柔直技术对偏远地区供电，可使线路的单位输送功率提高，线路维护工作量减少，供电可靠性提高，是目前较为成熟的供电方案选择。

4. 海上钻井平台或孤岛供电

与偏远地区一样，海岛或海上石油钻井平台等远离陆地电网的海上负荷，通常依靠柴油或天然气来发电，不但发电成本高、供电可靠性难以保证，而且对环境造成不良影响。采用柔直技术远距离供电，可有效解决上述问题，同时还可将多余电能（如利用石油钻井产生的天然气发电）反送给电网。

5．大电网柔性互联

交流同步电网规模不断扩大，带来了短路电流超标、安全稳定控制策略越来越复杂等问题。模块化结构以及电缆线路的大规模使用使得柔直技术对电网接入点短路比等技术指标以及场地环境的要求大为降低。因此，采用柔直技术实现大电网柔性互联，可以有效优化交流电网结构，提高电网运行的灵活性和可靠性。

四、柔直发展现状

以新能源开发和利用为主要特征的能源转型正在世界范围内蓬勃发展，这给电网技术发展带来了巨大挑战。欧洲制定了横跨欧洲和北非的"超级电网"规划并列入欧盟"347 法案"，计划建设上百个柔直工程，将远海风电、水电及太阳能发电接入电网。世界多个国家在柔直技术研发和工程应用方面开展了探索性工作，国外相关柔直工程基本情况详见表 6-1。我国也将柔直技术作为新能源接纳、大电网柔性互联和海上风电开发等领域的重要支撑，建设了一系列柔直工程，国内相关柔直工程基本情况见表 6-2。

表 6-1　　　　　　　　国外相关柔直工程基本情况

序号	国家/工程名称	直流电压/容量	换流阀拓扑	投运年份	工程性质
1	瑞典/Heällsjön	±10kV/3MW	两电平	1997	试验性工程
2	瑞典/Gotland	±80kV/50MW	两电平	1999	风电并网
3	丹麦/Tjaereborg	±9kV/7.2MW	两电平	2000	风力发电，并网示范
4	澳大利亚/Directlink	±80 kV/3×60MW	两电平	2000	电网互联
5	美国/Eagle Pass B2B	±15.9 kV/36MW	三电平	2000	背靠背联网
6	澳大利亚/Murray Link	±150kV/220MW	三电平	2002	电网互联
7	美国/Cross Sound Cable	±150kV/330MW	三电平	2002	电网互联
8	挪威/Troll A	±60kV/2×41MW	两电平	2005	海上平台供电

序号	国家/工程名称	直流电压/容量	换流阀拓扑	投运年份	工程性质
9	芬兰/Estlink	±150kV/35 MW	两电平	2007	非同步联网
10	纳米比亚/Caprivi Link	350kV/300MW	两电平	2009	弱电网互联
11	挪威/Valhall	±150kV/78MW	两电平	2010	钻井平台供电
12	美国/Trans Bay Cable	±200kV/400MW	MMC	2010	电网互联，城市供电
13	爱尔兰—英国/East West	±250kV/500MW	未公布	2012	东西互联工程
14	德国/DolWin1	±320kV/800MW	级联两电平	2013	风电并网
15	德国/BorWin2	±300kV/800MW	MMC	2013	风电并网
16	德国/HelWin1	±259kV/576MW	MMC	2013	风电并网
17	法国—西班牙/INELFE	±320kV/2×1000MW	MMC	2013	互联工程
18	挪威—丹麦/Skagerrak4	500kV/700MW	未公布	2014	跨海联网
19	德国/SylWin1	±320kV/864MW	MMC	2014	风电并网
20	挪威/Troll A 二期	±60kV/100MW	未公布	2015	海上平台供电
21	瑞典/Nord Balt	±300kV/700MW	未公布	2015	北波互联工程
22	美国/Super Station	±345kV/750MW	MMC	2015	电网互联
23	瑞典/South-West Southern HVDC link	300kV/700MW	MMC	2016	地下输电

表 6-2　　　　　　　　国内相关柔直工程基本情况

序号	工程名称	直流电压/容量	换流阀拓扑	开工年份	投运年份	产业阶段
1	上海南汇柔性直流输电示范工程	±30kV/20MW	MMC	2010	2011	初期

序号	工程名称	直流电压/容量	换流阀拓扑	开工年份	投运年份	产业阶段
2	南澳三端柔性直流输电示范工程	±160kV/200/100/50MW	MMC	2011	2013	拓展期
3	舟山五端柔性直流输电科技示范工程	±200kV/400/300/100/100/100MW	MMC	2013	2014	拓展期
4	厦门柔性直流输电科技示范工程	±320kV/1000MW	MMC	2014	2015	拓展期
5	鲁西背靠背直流工程	±350kV/1000MW	MMC	2015	2016	拓展期
6	渝鄂直流背靠背联网工程	±420kV/4×1250MW	MMC	2017	2019	拓展期
7	昆柳龙特高压三端直流示范工程*	±800kV/8000/5000/3000MW	MMC	2018	2020	拓展期
8	张北柔性直流电网试验示范工程	±500kV/3000/1500/3000/1500MW	MMC	2018	2020	跃迁期
9	白鹤滩—江苏特高压混合级联柔性直流输电工程**	±800kV/8000/2667/2667/2667MW	MMC	建设中		跃迁期
10	如东海上风电柔性直流输电工程	±400kV/1100MW	MMC	建设中		跃迁期
11	射阳海上风电柔性直流输电工程	±250kV/1000MW	MMC	建设中		跃迁期
12	阳江海上风电柔性直流输电工程	±250kV/1000MW	MMC	建设中		跃迁期

注　"产业阶段"仅为本书定义，是基于柔直技术发展阶段进行的划分，便于阅读理解。

*　送端为电网换相换流器（line commutated converter，LCC），受端为两个 VSC 级联。

**　送端采用 LCC，受端采用 VSC 和 LCC 级联。

随着产业发展和工程实践，必然伴随着柔直标准和标准化方法的研究。以 CIGRE 和 IEC 为代表的国际学术组织/标准化组织在柔直技术相关标准研究和制定方面取得了一定的进展，但是已发布的标准或技术报告仅限于柔直技术一般规定、换流阀试验、损耗计算等，尚没有形成系统化的标准体系架构，无法覆盖柔直系统设计、工程建设、设备材料、试验计量和运行检修等全产业链条。

五、我国柔直科技和标准创新成效

我国柔直技术发展和工程实践充分应用了科研—标准—产业（工程）"三位一体"工作思路和"全流程对接"工作模式，取得显著成效。柔直技术成果先后通过国家能源局、中国电机工程学会等部委以及行业权威机构的技术鉴定，被评价为"1000MW/±320kV柔性直流换流阀及阀控设备性能优异，产品核心技术和总体技术性能处于国际领先水平""研发的多端柔性直流输电系统，处于世界领先水平""研发的千兆瓦级柔性直流背靠背系统装备，达到国际领先水平"。国际权威认证机构荷兰 KEMA 实验室评价"中国的柔性直流换流器打破了世界纪录"。

结合历次科技示范工程实践，我国逐渐形成了较为完善的覆盖各生产环节的柔直技术标准体系，这在世界范围内尚属首次。柔直科技创新成果和由此转化形成的技术标准成果，有力支撑了我国柔直产业发展，并且部分成果已转化成为国际标准。截至 2021 年 12 月，我国牵头立项 IEC TR 63363-1《柔性直流输电系统性能　第 1 部分：稳态》和 IEC 63336《柔性直流系统试验与调试规范》2 项国际标准，实现了中国专家牵头制定柔直领域 IEC 国际标准的历史性突破，同时参与编制了 IEC 62501《高电压直流输电（HVDC）用电压源换流器（VSC）电子管　电气试验》等柔直领域的所有 7 项 IEC 标准；作为召集人在 CIGRE 牵头成立"柔性直流输电系统组件试验""直流电网故障电流限制技术"等工作组，牵头完成 CIGRE 技术报告 3 项。

柔直科技创新成果和转化形成的技术标准成果，推动我国成套柔直技术成功进入国际市场。自 2016 年起，我国先后中标多个欧洲柔性直流系统以及海上平台工程的系统设计，包括英法互联 Channel Cable 柔直工程（±320kV，1000MW）、德国陆上 SuedOstLink 柔直工程（±525kV/±320kV，2000MW）、德国 SuedLink 柔直工程（±525kV/±320kV，2×2000MW）、英国 Sofia 首个远海风电的柔性直流并网工程（±320kV，1200MW）、英国 Norfolk 海上风电柔直工程（±525kV/±320kV，3600MW）、荷兰 IJV 海上风电柔性直流工程（±525kV，2000MW）等。我国团队完成了工程主电路参数设计、控制保护策略设计、过电压计算、绝缘设计、短路电流计算、谐波分析、设备技术规范、平台布局设计等系统设计及性能分析工作，设计理念与国际接轨，设计能力达到国际先进水平，为世界柔直技术发展贡献了中国力量。

第二节　"三位一体"工作实践

本节主要介绍科研—标准—产业（工程）"三位一体"工作思路在柔直领域的实践过程。柔直产业的发展需求是柔直技术发展的动力源。从风电并网、多端输电一直到高压大容量柔直输电、直流并网以及海上风电送出，我国柔直产业已规范发展十余年。其间不断触发柔直科研攻关和标准研制需求，而科研攻关与标准研制之间始终保持双向互动，产出高质量科技成果和标准化成果，有力支撑了柔直产业的健康发展。

一、产业（工程）发展需要高质量标准供给和重大技术攻关

科研—标准—产业（工程）"三位一体"源自产业（工程）发展的需求驱动，产业（工程）是"三位一体"中非常重要的影响要素。柔直产业经历发展初期、拓展期和跃迁期，产业不同发展阶段的需求，都对柔直科研攻关和标准研制提出新的工作要求。

为验证柔直技术在我国的适用性，满足未来风电并网、多端负荷供电、异步电网互联、孤岛（城市）送电等多种场景下的输电需求，"十一五"期间我国即启动柔直技术的适用性研究工作。2011年，上海南汇柔性直流输电示范工程（简称上海工程）正式投运，

成为我国柔直技术产业化和工程化的重要标志。柔直产业发展初期，大量相关新技术成果以及标准规范的提出，为后续产业大规模发展奠定了基础。

柔直产业拓展期的主要成就是推进了多端输电、高压大容量输电、直流异步电网互联的柔直技术的升级和应用。拓展期第 1 个阶段为"多端输电"。围绕多个换流站间控制保护协调策略、换流站整体控制协调技术等开展研究，实现技术和标准双提升，有效支撑了南澳三端柔性直流输电示范工程（简称南澳工程）和舟山五端柔性直流输电科技示范工程（简称舟山工程）。拓展期第二个阶段为"高压大容量输电"。随着柔直产业需求向着更高电压等级、更大容量的输电规模发展，柔直系统由单极接线发展为双极接线，避免了直流线路故障时功率无法送出从而影响系统稳定的问题。厦门柔性直流输电科技示范工程（简称厦门工程）的正式投运是我国柔直产业进入"高压大容量输电"阶段的标志性事件。拓展期第三个阶段为"直流异步电网互联"。随着柔直工程投运规模的进一步增大，其良好的调控性能在区域大电网功率互济、紧急故障隔离等方面体现出良好的应用前景。鲁西背靠背直流工程（简称鲁西工程）和渝鄂直流背靠背联网工程（简称渝鄂工程）的正式投运是我国柔直产业发展进入"直流异步电网互联"阶段的重要标志。

从产业初期到完成拓展期三个阶段后，柔直产业进入跃迁期。除了电压等级、输送容量持续提升外，"十三五"中期柔直产业瞄准大容量直流组网、海上风电送出、混合级联输电三个方向开展了攻关。在"大容量直流组网"应用中，柔直系统需要与直流断路器、耗能装置等新设备配合设计、协调运行，"海上风电送出"应用中需要柔直换流站可靠性、紧凑性、可维护性进一步提高，"混合级联输电"应用中要求柔直和常规直流在系统更高层面实现灵活组合和协调互补。柔直产业的每一次跃迁都对柔直标准供给和技术创新提出了新的更高要求。2020 年，具有"大容量直流组网"标志性意义的张北柔性直流电网试验示范工程（简称张北工程）正式投运，将为北京冬季奥运会绿色供电提供坚强保障。截至 2021 年 12 月，具有"海上风电送出"标志性意义的如东海上风电并网工程和具有"混合级联输电"标志性意义的白鹤滩—江苏特高压混合级联柔性直流输电工程等跃迁期重大工程也正在加快建设中。

柔直产业的不断发展是柔直标准供给和技术创新的动力源。柔直标准综合体的建设和相应的技术创新，始终以支撑柔直产业发展和相关工程建设为目标，是科研—标准—产业（工程）"三位一体"工作思路的典型实践。

二、科研攻关支撑标准研制、标准研制需求指引科研攻关方向

柔直产业发展驱动标准研制和技术攻关。在建设柔直标准综合体和开展技术创新的过程中，技术创新与标准化理念深度融合，柔直领域科技创新成果向"具有标准化基因的创新成果"转型，推动柔直成套标准的高质量供给。

在科技创新链条的最前端——柔直换流器的拓扑结构设计环节，标准化理念与技术创新深度融合攻克 MMC 技术，最大限度地实现设计、制造、试验、运维等全产业链条的标准化。在柔直部件级层面——柔直换流站控制策略设计环节，模块化理念与技术创新深度融合攻克换流站并联多端协调控制技术，以及满足多应用场景需求的创新技术，实现双端、多端、背靠背柔直应用相关标准的统一供给。在柔直系统级层面——双极系统换流站组合环节，组合化理念与技术创新深度融合攻克换流站串联组合技术，满足高可靠性双极柔直系统应用需求。多项柔直技术攻关过程中，技术创新方式实现了向"现代模块化＋技术创新"方式的转变，科技攻关所形成的创新成果实现了向"具有标准化基因的创新成果"的转型。

在创建柔直标准综合体，研制各项技术标准，识别零件级、部件级、系统级之间设计规则（标准）等显性或隐性的标准化工作过程中，技术创新与标准化理念实现了深度融合。在柔直产业初期、拓展期和跃迁期的不同阶段，采用"现代模块化＋技术创新"的创新方法，研究确定可在零件级、部件级、系统级不同层面实现标准化的技术事项，为向技术标准转化奠定基础。依托理论分析和多种形式的标准适应性验证，及时将柔直领域的最新国际标准转化为国内相关标准。依托多个投运的柔直工程，积累运行经验和数据，不断优化柔直相关标准，持续提升技术标准的先进性，为柔直产业高质量发展提供充足的标准化支撑。同时，新的标准研制需求进一步催生了新的柔直技术攻关项目。科研、标准、产业（工程）三者始终处于旺盛的互动状态。

三、标准研制规范产业发展、科研攻关带动产业升级

柔直标准的有序供给和新的技术突破，有效支撑了柔直产业初期、拓展期和跃迁期的稳健发展。同时，柔直标准和成套技术也在不断培育柔直产业的新方向，带动柔直产业升级。

作为一个新兴领域，柔直产业的发展离不开高质量标准的规范引导。在产业发展的每一个阶段，大量既有的成熟标准、新制定标准以及技术创新形成的"具有标准化基因的创新成果"共同发挥作用。技术创新形成的"具有标准化基因的创新成果"，在柔直产业（工程）发展建设过程中加以检验并及时修正，适时显性化形成技术标准，对后续柔直工程建设和产业发展提供技术依据。上海工程形成的大量"具有标准化基因的创新成果"为南澳工程和舟山工程的建设提供了有力支撑，便是一个典型案例。

技术创新是支撑标准研制，进而规范产业发展、提升产业发展质量的动力源。从上海工程柔直核心技术实现突破开始，我国就具备了拥有自主知识产权的覆盖柔直系统设计、工程建设、设备管理和运行维护的成套技术能力。上海工程的正式投运，验证了我国柔直技术的可行性，为后续柔直电压等级和输送容量适度提升、双端向三端及多端柔直产业的拓展奠定了坚实基础。南澳工程和舟山工

程的正式投运，标志着我国柔直技术实现了从双端到三端、五端的突破，电压等级和输送容量显著提升；厦门工程和渝鄂工程的相继投运，标志着我国柔直工程电压等级和输送容量实现更大幅度的提升，柔直技术在更大范围、更大规模的应用成为可能。同时，另外一条并行的技术提升和产业发展路线，则是从柔直系统内部拓扑演进到柔直系统与常规直流系统的组合式创新，推动了混合式柔直产业的发展，进而从组合式创新演进提升至系统创新，由多端演进到直流组网，实现更大范围内资源的互济互补和协同支撑。技术创新的不断突破，持续孕育更大规模的柔直产业发展方向。

第三节 "全流程对接"模式应用

本节重点介绍在柔直领域，科技成果转化为技术标准"全流程对接"的具体实践过程。

一、概述

柔直科技成果转化为技术标准"全流程对接"实践，同样主要包括应用综合标准化方法构建标准综合体、科研—标准"全流程对接"和应用 PDCA 方法持续提升三个环节。

为解决柔直产业发展和工程建设缺乏成套标准支撑问题，我国采用了综合标准化方法构建柔直标准综合体，以期从源头上解决标准间的协调问题，达到整体最优。我国柔直标准综合体包括基础综合、系统设计、工程建设、设备材料、试验计量和运行维护共 6 大类，涉及国家标准、行业标准和企业标准多种标准类型。这些标准除借鉴已有技术和相关标准化成果之外，大多基于自主创新，在连续攻克柔直运行机理、系统设计、设备研制、例行试验、型式试验、现场调试、运行维护等百余项核心关键技术所取得的创新成果基础上研制而成。而这些创新成果基本上全部源自"基于国产 IGBT 的电网装备研制及试验平台建设""多端柔性直流输电系统协调控制方法及保护策略研究""高压大容量柔性直流电网关键技术研究与示范"等 100 项国家、地方、企业级重大科技项目（国家和地方项目 20 项、企业项目 80 项），体现出科技创新对标准研制的强大支撑能力。

围绕标准综合体的总体目标，持续开展科研—标准"全流程对接"，实现了传统技术创新方法向"现代模块化＋技术创新"方式的转变。从系统性总体目标科学分解至系统的各主要模块，对各模块开展技术攻关，优化迭代有序界定模块之间的研发边界和规则。推动科研和标准的串行到并行再到深度融合的转型、科技创新成果向"具有标准化基因的创新成果"转型，推动柔直产业从发展初期到产业拓展期进而到产业跃迁期，实现了柔直技术的大规模灵活应用。

采用 PDCA 方法持续完善提升。不断孕育功能更完善、性能更优越的新的柔直产业（工程）构想，不断攻克新的技术难关，源源不断地将柔直科技成果系统性转化为技术标准，直至满足柔直产业（工程）发展（建设）需求。通过不断的 PDCA 循环，将柔直科技成果的创新能量源源不断地形成、储存和释放，完成柔直这一高端科学技术向生产力的转化，并保持柔直技术的螺旋式上升。

二、构建标准综合体

（一）标准化对象的确立

为支撑和推动柔直产业大规模、高质量发展，在研究确定柔直标准化对象时，需要做整体性考量和系统性分析。柔直标准综合体的设计要有前瞻性。

柔直标准化对象的确定，有以下几种主要的可供选择的方式：柔性直流输电核心部件或装备，柔性直流输电换流站，柔性直流输电系统，某一个或某几个柔性直流输电工程，包含柔性直流输电在内的区域电网或全局电网。参照第四章综合标准化对象的确定原则，综合研究后选择"柔性直流输电系统"作为柔直标准化对象。其主要原因是：

（1）标准化对象能够反映柔性直流输电技术的整体应用。"柔性直流输电核心部件或装备"和"柔性直流输电换流站"，只是柔直技术应用环节的重要组成部分，不能反映该技术应用的全貌。

（2）标准化对象不受限于某一个具体应用场景。"某一个或某几个柔性直流输电工程"将标准化对象限定在具体工程上（如上海工程等），过于局限，不能反映该技术的核心标准化元素。

（3）标准化对象颗粒度不宜过大。随着直流输电在电网中的占比越来越大，将局域或全局电网作为一个标准化对象也将是大势所趋。而对于柔直这一新兴技术方向来说，当前尚不宜选择颗粒度过大的标准化对象。

（4）"柔性直流输电系统"涉及要素多，需协调事项多，适宜采用综合标准化方法。"柔性直流输电系统"涉及换流站设计、关键设备研制、输电线路、试验能力建设、信息通信、运行维护等多种业务，电学、热学、半导体物理、力学、光学、电力电子等多个学科，微机控制和保护、光电传输技术、水冷却技术等多项新技术，涉及跨行业、跨部门、跨学科的专业技术协调，需要整合多家厂商的软硬件、一次二次产品，满足多级调度协同配合的工作要求。

（5）"柔性直流输电系统"技术和经济意义重大。风能、太阳能等新能源利用规模不断扩大，采用交流输电技术或传统的直流输电技术联网面临诸多问题且经济性不高；海上钻探平台、孤立小岛等无源负荷，大都采用昂贵的本地发电装置，既不经济、又污染环境；城市用电负荷的快速增加，需要不断扩充电网容量，鉴于城区科学规划和现代化发展的需要，一方面要求利用有限的线路走廊输送更多的电能，另一方面要求大量的配电网转入地下，柔直技术恰好可以又好又经济地解决上述问题，具有重要的技术和经济意义。

（6）"柔性直流输电系统"方案合理可行。柔直技术适合应用于新能源并网、分布式电源并网、孤岛供电、城市电网供电、异步交流电网互联等方面，这已得到大量工程的实证。柔直系统包括交流系统、换流站、直流线路和其他相关设备，作为标准化对象不但可以反映并覆盖柔性直流输电技术的整体应用，而且不受限于某一个具体应用场景，在新兴技术方向发展初期，基本可以将科研对象和标准化对象框定在一个科学合理的范围内。

（二）明确的目的、量化的目标引领标准化全过程

"柔性直流输电系统"标准化目的明确，即通过推动科研、标准、产业（工程）的资源合力，将柔性直流输电新兴技术创新的动能最大限度地推广应用，形成经得起检验的具备科学性、合理性、先进性的技术标准体系，支撑并规范柔直产业规模做大做强。这不仅仅要制定一批协调配套的、用于指导柔直工程建设运行的标准，而且要为相关新产品开发、优化设计制定一批有所遵循、行之有效的标准。

"柔性直流输电系统"标准化的量化目标是：瞄准上千千伏的电压等级、千兆瓦及以上的输送容量，实现大容量新能源并网、大容量远距离输电、交流电网互联、无源或孤岛送电、海上风电送出、直流电网以及柔性直流技术在其他场景的安全、可靠应用，并在保证各项性能指标的前提下，最大限度地降低成本，节约资源，以获得整体最佳经济效果。

（三）整体性原则体现于技术协调的始终

标准综合体的整体性技术协调是一个循序渐进、逐步完善的过程，"标准化深度尽可能深"也是一个循序渐进、逐步深入的实现过程，"柔性直流输电系统"标准综合体的建立也不例外。

"柔性直流输电系统"标准综合体要实现整体性技术协调，达到"尽可能深的标准化深度"，就要从其适用的新能源并网、多端输电、海上风电送出、大容量远距离输电、直流组网等各类场景的

应用中，研究识别哪些属于共性内容，哪些是个性化要求。结合柔直技术和交流输电技术、常规直流输电技术的技术特点，研究识别哪些是输电技术的共性内容，哪些是柔直技术的新规律、新要求。研究识别哪些是柔直系统零件级、部件级、系统级的共性内容，哪些是个性、特定或专项内容；进而研究识别系统级—系统级、系统级—部件级、部件级—部件级、部件级—零件级、零件级—零件级的接口协调性，从功能性、可靠性、技术经济性等方面开展整体协调。

（四）系统性开展标准类别布局

参照本书第四章关于"系统性开展标准布局"的思路，围绕"柔性直流输电系统"标准综合体的总体目标，提出其标准类别布局构想，如图6-4所示。"柔性直流输电系统"标准综合体包括基础综合、系统设计、工程建设、设备材料、试验计量和运行维护6个分支。涉及柔直系统、设备、设计、试验、术语等规范类技术事项，可优先制定国家标准；涉及柔直功能接口、控制保护、运行检修、现场试验、监造等规程类、导则类、部分试验规范的技术事项，可优先制定行业标准；柔直系统调试、联调试验、预防性试验、交接试验、验收等技术事项，可优先制定企业标准。

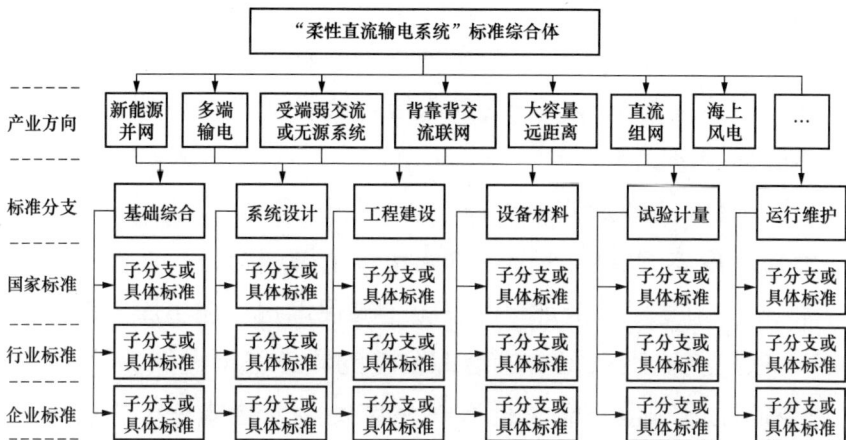

图6-4 "柔性直流输电系统"标准综合体标准类别布局构想

三、科研—标准"全流程对接"

为满足风电大规模送出、特殊负荷供电、电网柔性互联等电网建设实际需求，在最大限度地继承现有国内外柔直相关技术和标准化成果基础上，在"柔性直流输电系统"标准综合体整体框架下，采用"现代模块化＋技术创新"深度融合的方式，组织开展技术攻关和标准研制，实现柔直科技成果向技术标准的高质量、大规模和有效转化。

（一）产业初期——应对"风电并网"发展需求

1. 基本情况

上海位于我国东部沿海中间的突出位置，受亚热带季风气候影响，海上风能资源非常丰富，适合大力发展风力发电。但具有"强波动、弱支撑"特性的风电大规模接入后将给电力系统频率、电压调节以及动态稳定性等方面带来诸多影响，同时海上风电的长距离送出也是我们必须面对的一个新的问题。而柔直技术在提高系统稳定性、增加系统动态无功储备、改善电能质量、保障敏感设备供电等方面具有优势，能够在一定程度上解决上述问题，是一个理想的技术方案选择。因此，在"十一五"我国风电开始大规模发展初期，国家电网有限公司即组织开始了柔直技术研究，并决定在上海建设我国第一个柔性直流输电示范工程。

上海工程建设之初，除了缺少必要的技术储备和设备制造能力外，也缺少必要的标准规范支撑。按照科研—标准—产业（工程）"三位一体"工作思路，国家电网有限公司在组织开展柔直技术研发的同时，也同步形成了一套"具有标准化基因的创新成果"，这些成果连同既有的、可参考使用的部分常规直流标准保障了上海工程的顺利建设，也为后续柔直产业在国内做大做强奠定了坚实的基础。该阶段形成 1 项国家标准《基于电压源换流器的高压直流输电》提案。"柔性直流输电系统"标准综合体局部（2011 年标准提案）如图 6-5 所示。

下面按照科研—标准的前期对接、中期对接、后期对接三个阶段分别说明相关科研与标准的互动发展过程。

图例:

国家标准

"柔性直流输电系统"标准综合体

基础综合　系统设计　工程建设　设备材料　试验计量　运行维护

上海工程于2010年开工，2011年投入运行至今　　2011年

基于电压源换流器的高压直流输电

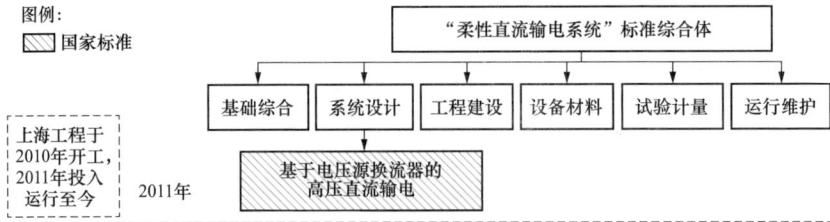

图 6-5　"柔性直流输电系统"标准综合体局部（2011 年标准提案）

2. 科研—标准"前期对接"

科研—标准"前期对接"环节，需要研究识别基础综合、系统设计、工程建设、设备材料、试验计量和运行维护 6 个分支的技术攻关任务、标准编制的主体内容以及需要协调的技术事项，进而确立科技攻关需求和需协调事项，最终策划并形成科研攻关项目（含标准化科研项目）框架，以及需研制的相关柔直标准。

（1）系统设计。风电变流器和柔直换流器均是基于全控型可关断器件和先进调制策略的电力电子装备，均表现出极强的非线性，二者暂态特性和稳态特性交互影响，极易发生系统谐振，需开展如下研究：研究风电场与柔直系统的谐振抑制方法、交流/直流系统的运行方式和控制保护系统设计原则、满足功率传输要求同时可有效避免系统谐振的关键技术、单站内/双站间的协调控制保护策略及宽范围运行区间电压调制策略等技术攻关。同步布局"柔直输电系统性能稳态和暂态"等相关标准的研制工作。

（2）设备材料。柔直换流器是构成柔直系统的"心脏"，决定了整个系统的性能，需重点推进换流阀及阀控装置样机研制，突破高电压宽范围直流取能、极低电压下保护晶闸管强制保护触发、全控型电力电子器件选型、子模块电容器参数设计、换流器桥臂电抗器参数设计以及换流阀阀控设备设计等核心技术。同步布局"柔性直流输电换流器技术规范"等标准研制工作。

（3）试验计量。相对于 STATCOM 等柔性交流输电装备，柔直换流阀电压等级高、电流等级大，直接采用全电压、全电流的试验

方式将导致试验设备投资巨大，甚至技术上不可行，需重点开展宽频调制交直流全功率循环和多源注入试验技术、柔直换流阀及阀控等效试验方法和多源复合暂态试验系统以及高速阀控物理动模试验系统构建方法等技术攻关，其成果将作为试验计量方面重要标准"高压直流输电用电压源换流器阀电气试验"的核心技术来源。

（4）运行维护。柔直换流站的安全稳定运行离不开运行规程的指导，而常规直流换流站的运行规程在柔直换流站无法直接采用，因此需重点推进"柔性直流输电换流站运行规程"等标准研制。为获得标准研制所需相关技术参数，同步布局开展了工程运行规程和设备检修技术攻关，并且在两者间建立了良好的互动关系。

综合上述需求，国家电网有限公司于 2006 年确定了"柔性直流输电系统关键技术研究框架"，研究策划并相继立项"柔性直流输电技术前期研究""柔性直流输电技术基础理论研究""柔性直流输电关键技术与示范工程"3 项重大科技项目，旨在解决柔直产业发展初期所面临的技术难点和标准缺失问题。由于上海工程主要用于验证柔直技术可行性，其电压等级较低、容量较小，"具有标准化基因的创新成果"以及其他可参考的常规直流标准基本满足其建设需要，因此在上海工程建成投运之时，诸多专门针对柔直产业和工程建设的标准尚处于预研阶段。

3. 科研—标准"中期对接"

在相关科研项目推进过程中，有效运用"现代模块化＋技术创新"的模式方式，推进技术创新与标准化理念深度融合，逐一完成科技项目的技术攻关和相关标准研制，这既是技术创新的过程，又是标准化的过程，实现了常规的科技创新成果向"具有标准化基因的创新成果"的转型，为形成高质量的柔直技术标准、支撑产业高质量发展奠定基础。

（1）系统设计。采用"现代模块化＋技术创新"方式，建立了交直流统一基准下机电—电磁混合仿真模型、宽频等效过电压分析模型等一整套全新的柔直系统全过程仿真模型；提出了主电路参数多目标优化设计、协调控制保护策略及宽范围运行区间电压调制策略等系列柔直系统分析与设计方法。

（2）设备材料。采用"现代模块化＋技术创新"方式，提出了换流阀、子模块及其零部件功能技术规范要求，对每个设备应具备的技术要求和性能指标进行了规定；研究微秒级触发控制和百微秒级周期控制保护机制，提出多层面能量平衡桥臂电流控制策略及多目标阀级电压平衡高速脉冲分配算法；应用分层分布式双冗余热备份技术和嵌入式实时控制技术，研制高性能 MMC 阀基控制器。

（3）试验计量。采用"现代模块化＋技术创新"方式，提出基于等惯性指数法的动态模拟设计方法及 MMC 物理特性等效方法，开发了适用于 MMC 柔直系统的数字物理混合实时仿真平台；研究柔直换流阀纳秒级开通、关断过程中的电、热、机械等复杂应力及综合作用机理，提出了全工况等效试验方法。

（4）运行维护。采用"现代模块化＋技术创新"方式，提出一次设备运行维护技术方案，制定控制保护装置检修维护策略，提出工程调试、运行和检修等一整套技术规范。

4. 科研—标准"后期对接"

2011 年，随着上海工程正式投运，"柔性直流输电技术前期研究""柔性直流输电技术基础理论研究""柔性直流输电关键技术与示范工程"3 项重大科技项目也相继验收。3 项科技项目形成的"具有标准化基因的创新成果"在上海工程中得到全部应用。上海工程的顺利投运，成功示范了柔直技术的先进性和可行性，初步验证了科研—标准—产业（工程）"三位一体"工作思路的先进性和可行性，积累了实践经验。上海工程运行期间，也陆续发现了一些问题，这也为后续科技研发、标准研制提出了更高的要求。

与国外先进技术和标准快速对接。上海工程顺利建成投运，有效推动我国柔直领域首个国家标准《基于电压源换流器的高压直流输电》于 2012 年 10 月获批立项。该标准使用翻译法，等同采用

IEC TR 62543：2011《基于电压源换流器的高压直流输电》。将 IEC 技术报告直接以等同采用的形式转化为我国国家标准，要非常慎重，需要做大量的适应性研究且确认后才可等同采用转化。上海工程的建设实施，快速完成了新兴技术领域内国内外技术和标准的同步，为我国柔直产业的健康发展起到良好示范作用。

推动统一的柔直领域的基础标准。对于柔直这种"基于电压源换流器的高压直流输电"的新型直流输电技术，当时国内的中文名称尚未统一。国际权威电力学术组织，如 CIGRE 和 IEEE，都将其学术名称定义为"VSC-HVDC"或者"VSC Transmission"。ABB 公司为了形象宣传，称之为"轻型直流（HVDC-Light）"，西门子公司则称之为"新型直流（HVDC-Plus）"。在我国国家标准《基于电压源换流器的高压直流输电》制定过程中，标准起草团队将此技术的中文名称统一为"VSC 直流输电"（也称"柔性直流输电"），从此国内对柔直术语实现了统一，为柔直产业规范发展奠定了基础。

工程应用推动新的技术攻关和标准研制需求。上海工程作为国内第一个柔直示范工程，在运行期间也逐渐反映出部分模块相关技术功能和性能参数需要进一步完善优化的问题，如柔直系统的启动电阻阻值选取不合理，系统启动时间过长，导致无法满足快速投运要求等。相关研发团队经研究后修正了系统仿真模型，再次策划科研项目开展攻关，对启动电阻在柔直系统中的作用机理等问题进行深化研究。这在一定程度上反映了新兴技术的创新难度、工程依赖性、研究复杂程度以及迭代提高、螺旋上升的特点。柔直系统启动电阻相关的研究成果持续支撑推动了启动电阻技术规范的优化完善，于 2016 年正式显性化开启国家标准《柔性直流输电用启动电阻技术规范》制定工作。而相关的技术储备和"具有标准化基因的创新成果"则在 2011 年上海工程投运时就已初步形成，真正提请国家标准立项申请时，已经经历过多个柔直工程的实践验证，这也反映出重大科技成果向标准转化周期较长的特点。如果仅考虑科技研发和标准研制的迭代，而忽视产业（工程）真正应用过程的检验，即使勉强形成标准提案进入制定环节，也很有可能因为未经过应用的检验，使得标准质量大打折扣。

实践科研—标准—产业"三位一体"。2012年底之前批复立项的柔直领域国家标准，仅有《基于电压源换流器的高压直流输电》1项，但这并不意味着柔直标准化成果少。上海工程奠定的科研—标准—产业（工程）"三位一体"基础，所形成的"具有标准化基因的创新成果"，大多数都为后续的科研项目、标准项目、工程项目所吸收，同时也陆续纳入国家标准、行业标准以及企业标准中。

上海工程充分证明了柔直技术产业化、工程化的可行性，可以更经济可靠地满足"风电并网"的实际需求。从上海工程投运开始，我国的柔直产业正式起步，逐渐迈向更高电压等级、更大输送容量和更广阔的应用场景。

（二）产业拓展期方向之一——应对"多端输电"需求

1．基本情况

一般情况下，柔直系统大多为双端结构，也就是用来实现"点对点"的直流功率传送功能。上海工程投运之前，国外的柔直工程基本上都是这种方式。但在某些场合，比如从能源中心输送功率到远方的多个负荷中心、直流线路分支接入电源或负荷等，使用多端柔直系统可能带来更大的经济性和灵活性。由于柔直技术具有在潮流翻转时直流电压极性不变、直流电流方向反转的特点，它十分有利于构成多端柔直系统。

在柔直技术、产业发展的第一个拓展阶段，为满足孤立交流系统联网、电源分支接入或负荷分散供应的电网发展需求，国家电网有限公司组织对"多端输电"柔直技术进行研究，并建成投运舟山工程。该工程进一步验证了科研—标准—产业（工程）"三位一体"工作思路的有效性。"柔性直流输电系统"标准综合体局部（2012—2014年标准提案、标准发布）分别如图6-6和图6-7所示。

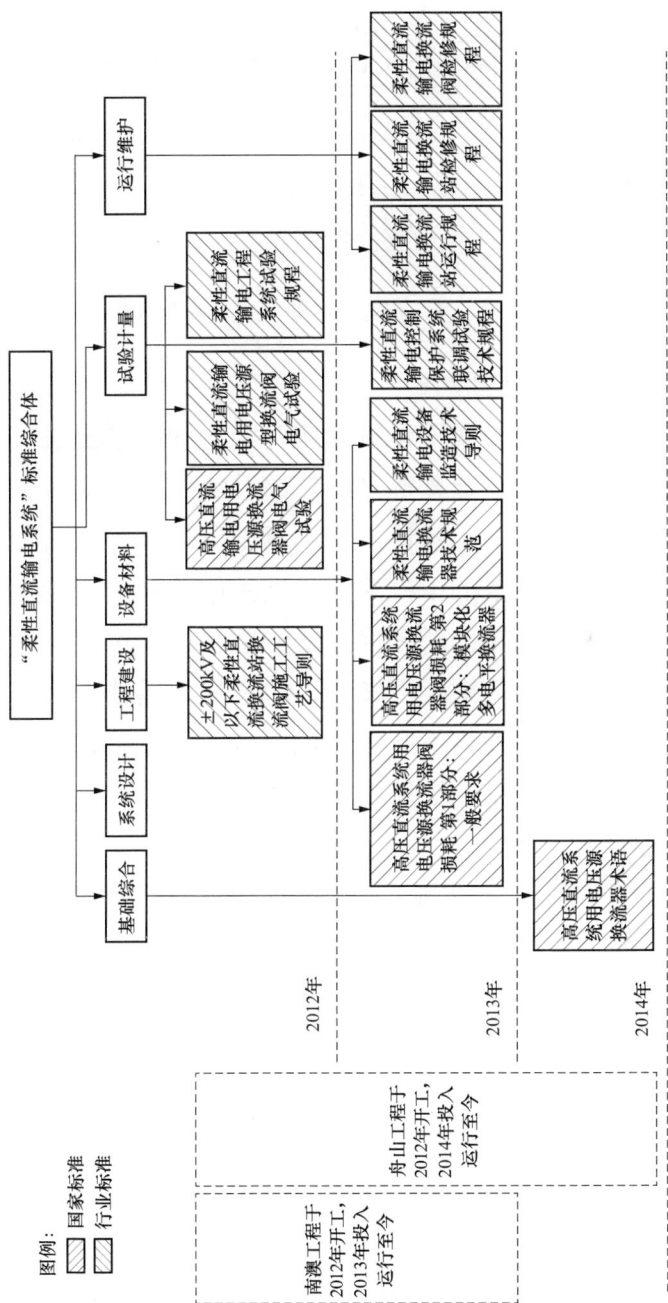

图 6-6 "柔性直流输电系统"标准综合体局部（2012—2014 年标准提案）

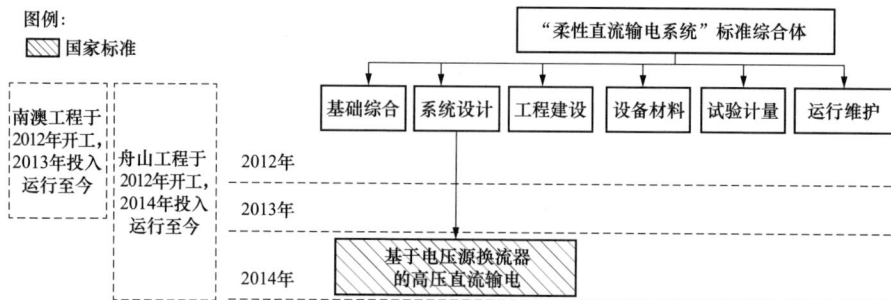

图 6-7 "柔性直流输电系统"标准综合体局部（2012—2014 年标准发布）

2. 科研—标准"前期对接"

舟山工程建设之初，柔直系统需应对两方面的主要挑战，一是系统电压等级和输送容量显著提升；二是系统由双端提升为多端。当柔直换流阀从低电压、小容量发展到高电压、大容量时，需要在每个换流桥臂上串联大量的子模块；常规单站单换流器结构发展到多端多换流器结构时，需创新多换流器的组合拓扑形式；为实现换流器间功率能够灵活快速地相互转移，单一换流器故障后不应造成系统整体停运。这些挑战将不同程度地导致柔直系统的动态行为多样化，并对系统运行控制提出新要求，也必将带来一系列新的技术难题和标准化需求。

（1）基础综合。随着我国柔直工程规模不断向更高电压等级、更大容量和更多端数发展，柔直系统在电网的作用越来越大。为进一步规范柔直技术研发和应用成果，需加快"高压直流系统用电压源换流器术语"标准制定。这也是柔直产业发展所需要的基础标准。

（2）系统设计。由于直流系统具有小阻尼特征，多端柔直系统中一端换流站或一条直流线路发生故障，故障将很快蔓延至其他换流站，系统暂态应力分布复杂。需开展多换流器（站）组合拓扑、多端系统单换流站在线投退和多换流器功率自适应分配、多换流器协同启动、直流电压主控权无偏差平稳切换、故障后快速恢复，以及多换流器并联多端柔直系统的主接线方案、主回路参数、绝缘配合等技术攻关，并据此形成"柔性直流换流站绝缘配合导则"等标准。

（3）工程建设。换流阀及其子模块内部的元器件多，阀基控制设备的控制保护逻辑复杂，安装方式与质量检验方法与常规直流换流阀有很大不同，需制定"柔直换流站换流阀施工工艺导则"等标准予以规范，保证工程质量。在科研布局上，需同步开展柔直换流站阀塔结构设计、换流阀组件安装方法和换流阀施工工艺流程等技术攻关，明确换流站换流阀安装过程中的关键工艺检查点，提升工程建设的有序程度、规范性和可靠性，支持相关标准研制。

（4）设备材料。柔直换流阀的容量达百兆瓦级，换流阀电流达上千安培，换流阀核心元件 IGBT 运行结温显著提升，换流器设计、零部件加工和工艺控制要求越来越高，亟须开展高功率密度、低损耗柔直换流阀设计技术和无延时可平行扩展高速阀控技术，以及控制周期短、实时性要求高、多个换流站协调控制、功率模块数多、故障准确定位要求高的多端柔直控制保护技术等技术攻关，项目成果可凝练形成"高压直流系统用电压源换流器阀损耗""柔性直流换流器技术规范""柔性直流设备监造技术导则"等标准。

（5）试验计量。柔直由端对端系统逐步发展成为多端系统，系统运行方式更多、控制保护算法更加复杂，制定统一的"柔性直流输电工程系统试验规程"等标准就此提上日程。为解决相关技术问题，需先期开展柔直换流站系统试验、端对端系统试验、人工短路试验和黑启动试验等方法研究，进而形成标准化成果。

（6）运行维护。柔直换流站的主设备包括柔直换流阀、桥臂电抗器、连接变压器和柔直控制保护设备等，原有常规直流换流站的检修规程无法直接套用，需制定"柔性直流输电换流站检修规程"等标准以满足后续工程需要。为此，需开展多端柔直工程中多个换流站之间的控制策略协调边界研究，界定单个换流站正常运行和故障情况下，各换流站之间，以及故障换流站和健全换流站之间的配合准则。

在此期间，国家"863 计划"项目"柔性直流输电装置关键技术及应用"、国家自然科学基金项目"多端柔性直流输电系统协调控制方法及保护策略研究"、国家电网有限公司重大科技项目"柔性直流海岛联网关键技术与示范工程前期研究""直流输电用高压大容量（百 MVA 级）自换相换流器关键技术研究与样机研制"等多个项目先后获批立项，这些项目成果为相关标准制定提供了坚实的技术基础。

3. 科研—标准"中期对接"

（1）基础综合。基于舟山工程科研—标准—产业（工程）"三位一体"实践成果，国家标准《高压直流系统用电压源换流器术语》于 2014 年 12 月获批立项，并于 2017 年发布。该项标准虽等同采用 IEC 62747《高压直流系统用电压源换流器术语》，但由于中国专家直接参与 IEC 62747《高压直流系统用电压源换流器术语》制定工作，因此从技术参数上来讲两者是一致的。该标准统一了柔直技术领域的图形符号、电压源换流器的拓扑结构、换流器单元和阀、换流器运行状态、高压直流系统和换流站、控制方式和控制系统。以"高压直流控制系统"为例，该标准将控制系统按照交流/直流系统控制级、双极控制级、极控制级、换流器控制级、阀控制级、阀电子电路控制级划分为六级，从模块化的角度对控制系统进行更加明确的划分，这也说明标准的先进性不仅代表了技术的先进性，而且也承载着先进的标准化理论和思想。

（2）系统设计。基于舟山工程，创立了多换流器柔直系统拓扑结构，攻克了直流电压主控权无偏差平稳切换等关键技术。相对于上海工程标准化深度重点在于换流站内部、换流阀内部，主要是子模块层级，重点关注子模块内部、子模块之间、桥臂间、相间等层级，舟山工程柔直系统的标准化深度则提升到换流站层级，更关注多个换流站模块间的运行规则，关注多个换流站间如何协调，以实现多个换流站模块构成的柔直系统层面上的标准化效能。运用组合化这一标准化形式，首次提出多换流器并联多端的拓扑方案，发明了基于开环预充电和闭环步进式功率模块循环交替充电的多换流器协同启动方法，首创了基于直流电压瞬时波动辨识的多站无偏差主控权平稳转移策略，实现了多端柔直系统的灵活重构和稳定运行。这在某种程度上也表明，底层（子模块、换流阀等）实现标准化，可以有效推动上一层系统的标准化，可以实现系统的综合性能更优。另外，基于舟山工程，提出了多换流器并联多端柔直系统的主接线方案、主回路参数、绝缘配合方案、换流站优化布置方案等。对多端柔直系统进行模块化分解，研究各模块功能以及模块间的协调规则，提出多端柔直系统的主回路参数，以及在主回路中配置阻尼模块和谐振开关的系统主接线方案，解决了舟山弱交流电网接地方式选择难题，满足了多电源、多负荷单一直流系统互联、输电功率灵活、可靠调节的要求；提出了避雷器配置方案，突破常规直流的并联保护方式，对换流阀本体等关键设备采用两侧布置避雷器的方案，保证主设备运行安全；围绕多端柔直系统的系统性目标，分解系统最优情况下各模块的配合设计分目标，综合提出海岸换流站、阀厅联合建筑设计方案以及换流阀桥臂交错优化布置方式，简化阀厅内电气设备联结，降低多端柔直系统成本，提升多端柔直系统的技术经济性。

（3）工程建设。舟山工程在工程建设环节的科研与技术标准联动方面，一是攻克柔性直流换流阀对称双螺旋结构、对角同程冷却技术，提升换流阀结构、冷却系统等工程实施的可靠性；二是攻克换流阀阀厅建筑工程施工技术，明确规定阀厅内地坪、屏蔽接地等，需待施工完毕后投入使用，研究识别换流阀施工与土建工程两个模块现场作业的时序关系；三是研究确立换流阀施工后整体检查、试验和现场清理整顿技术，详细分析了换流阀连接检查、公差检查和绝缘试验等试验项目，明确指出阀厅电缆沟防火封堵材料和技术要求、污秽清扫要求、工器具清理规定等。

（4）设备材料。通过多物理场综合应力分析，建立了准确的换流阀杂散参数宽频模型，提出了优化的结构设计方法，提高换流阀的抗电磁干扰能力。提出了多目标阀级电压平衡脉冲高速分配算法，攻克了换流阀控制周期的优化设计技术，研制了基于无延时平行扩展技术的高速阀控装备，研制的高速阀控系统成功实现了当时世界上单桥臂最多子模块的串联控制。深度应用模块化理念，提出总线冗余设计和故障节点自屏蔽设计方法，研制了基于星形拓扑结构的高速总线架构，极大提高了装置内部通信的可靠性；开发了高速数据并行处理技术、可视化编程技术和先进的监控平台技术，实现了换流站监控、保护、调试信息采集一体化。

（5）试验计量。在试验环节，将被试对象按照模块化理念分解为功率子模块、阀段、阀塔，保证了试验能够基于模块化有效集成而实现系统化的试验验证。针对高压大容量柔直换流阀所承受的各种电气应力、热应力，提出了柔直系统换流阀、阀控及控制保护系统等效试验方法，构建了子模块电压电流复合试验、阀模块稳态运行试验、过电流关断试验、短路电流试验等全功率交换式可关断器件阀成套试验装置，研制了背靠背运行试验系统、多源复合暂态试验系统以及高速阀控全规模动模试验平台，实现了换流阀全功能全规模测试，保障了多端柔直系统的安全稳定运行。

（6）运行维护。充分利用多个换流站间灵活组合的组合化优势，提出了舟山工程26种运行方式和多换流站组合运行模式，创新性攻克了联网模式与孤岛模式平滑切换的关键技术。为解决单个换流站故障导致整个系统全部停运的问题，提出了无系统冲击的多端柔直系统换流站柔性带电投退策略；单个换流站的自由投退，极大提高了多端柔直系统的灵活性和供电可靠性。

以上这些"具有标准化基因的创新成果"，均为后续相关显性化标准的制定打下了坚实的技术基础。

4. 科研—标准"后期对接"

2011—2014 年，柔直系统电压等级从 30kV 提升至 200kV，容量从 30MW 增大到 400MW，系统结构从双端发展到多端，国内所投运工程的良好运行都显示出柔直技术的灵活性和先进性。相比 2012 年底之前总共只有 1 项标准制修订计划，2013 年柔直领域获批立项的标准数量开始增多（4 项），2014 年达到一个小高峰（10 项）。这充分说明产业发展和工程实际需求对标准研制方向具有重要的牵引作用。这一时期科研—标准"后期对接"的主要情况如下：

与国外先进技术和标准快速对接。2013 年和 2014 年累计有 4 项国家标准获批立项。与国家标准《基于电压源换流器的高压直流输电》是在 IEC TR 62543：2011《基于电压源换流器的高压直流输电》发布实施后快速采标制定一样，本次获批立项的《高压直流输电用电压源换流器阀电气试验》《高压直流系统用电压源换流器术语》《高压直流系统用电压源换流器阀损耗 第 1 部分：一般要求》《高压直流系统用电压源换流器阀损耗 第 2 部分：模块化多电平换流器》共 4 项标准也均是在 IEC 62501：2014、IEC 62747：2014、IEC 62751-1：2014 和 IEC 62751-2：2014 发布半年以内，快速等同采用制定的。上述 4 项 IEC 标准，我国专家均全部参与，因此这 4 项国家标准虽为等同采用 IEC 标准方式制定，但同样体现了我国的自主创新技术，这一过程也实现了我国柔直技术与国外先进技术和标准的快速对接。

工程应用推动新的技术攻关和标准研制需求。在系统设计方面，基于多个换流站并联构成多端柔直系统的技术应用，凝练形成国家标准《多端柔性直流输电系统的成套设计规范》。其中条款"多端柔性直流输电系统的构成"中明确提出"从接线方式上来说，多端柔性直流输电系统可分为串联式接线方式、并联式接线方式以及混合式接线方式"。作为模块的换流站可以通过串联、并联或者混合式的方式非常灵活地构成多端柔直系统。在柔直换流阀的电气试验方面，国家标准《高压直流输电用电压源换流器阀　电气试验》同样等同采用 IEC 62501：2014 制定而成。考虑到具体工作过程中，尚有更加细化的试验要求，因此在该国家标准立项的同年，也就是2013 年，同步申请立项电力行业标准《柔性直流输电用电压源型换流阀　电气试验》。该行业标准于 2016 年获批发布（DL/T 1513—2016），规定了柔直用电压源型换流阀（VSC 阀）电气型式试验、出厂试验和现场交接试验技术要求，适用于高压直流输电或背靠背系统的三相桥式电压源型换流阀，相对于国家标准更加细化、更加具有可操作性。该标准发布时，投运时间最短的舟山工程也已稳定运行超过 18 个月，该标准的有效性得到多项柔直工程的实践检验。多端柔直系统的供电可靠性很大程度上依赖于多个换流站的协调配合以及单一换流站的带电投退策略，这也是多端柔直系统相比于两端柔直系统的优势。这一功能性要求在国家标准《多端柔性直流输电系统的成套设计规范》中予以明确，要求"系统多端运行时，多端柔性直流输电系统的任一端换流器具备在线投入/退出能力"。该标准 2017 年正式发布（GB/T 35703—2017）时，舟山工程和南澳工程均已顺利运行超过 3 年，单一换流站的带电投退功能通过了工程检验，将有效指导后续工程。

支撑舟山经济高质量发展。舟山市地处我国东南沿海，是浙江省重要的海岛城市。舟山工程的建设可为舟山经济发展提供有力保障。舟山工程 2014 年投运时，舟山北部诸岛实际用电负荷较低，因此尚未满功率运行。随着舟山绿色石化基地的投产运行，岛上用电负荷呈指数型增长，输电通道压力进一步增加。在工程投运后 7年的 2021 年 3 月，舟山电网圆满完成满负荷运行试验，对设备和线路的承载力完成全面验证。这意味着该工程可实现满功率运行，舟山日益增长的用电需求能够得以保障，充分证明了柔直系统满功率运行的可靠性。

（三）产业拓展期方向之二——应对"高压大容量输电"需求

1. 基本情况

2014 年以前，我国在运的柔直系统所采用的都是单极接线方式，其优点是无需设置专门的接地极，控制策略相对简单；缺点是可靠性较低。只要换流器单元发生故障或直流线路发生故障，整个柔直系统就会全部退出运行。对于大容量或者采用架空线路的柔直系统，就需要研究应用双极接线方式来提高系统可靠性。

在柔直技术、产业发展的第二个拓展阶段，为满足快速独立控制有功与无功、提供动态无功补偿功能、大容量输送电能、保障供电可靠性、提升供电电能质量的电网发展需求，国家电网有限公司组织开展了以"高压大容量输电"为特征的柔直技术研究，并建成投运厦门工程。厦门工程同样秉承科研—标准—产业（工程）"三位一体"工作思路，形成一系列科技创新成果和标准化成果。"柔性直流输电系统"标准综合体局部（2014—2016 年标准提案、标准发布）分别如图 6-8 和图 6-9 所示。

2. 科研—标准"前期对接"

厦门工程建设之时也面临两大技术挑战，一是柔直系统的电压等级和输送容量大幅提升；二是世界范围内首次采用双极接线。相比以往柔直工程，厦门工程换流阀的每个换流桥臂上串联的子模块进一步增多，换流阀及阀控设备运行环境更加恶劣、投切控制逻辑更加复杂、保护配合要求更加严密，整个换流阀系统的动态行为进一步多样化，对其运行控制的要求越来越苛刻；世界范围内首次应用双极接线，双极间需要有效、快速、精准地协调配合，对运行控制策略提出更高的要求。

（1）基础综合。厦门工程的建设，标志着我国柔直技术向更高电压等级和千兆瓦级输送容量的跨越式发展，2014 年提出的国家标准《高压直流系统用电压源换流器术语》已不能满足柔直产业（工程）发展要求，需要着眼于整个柔直系统形成以"柔性直流输电"为标准化对象的术语标准。

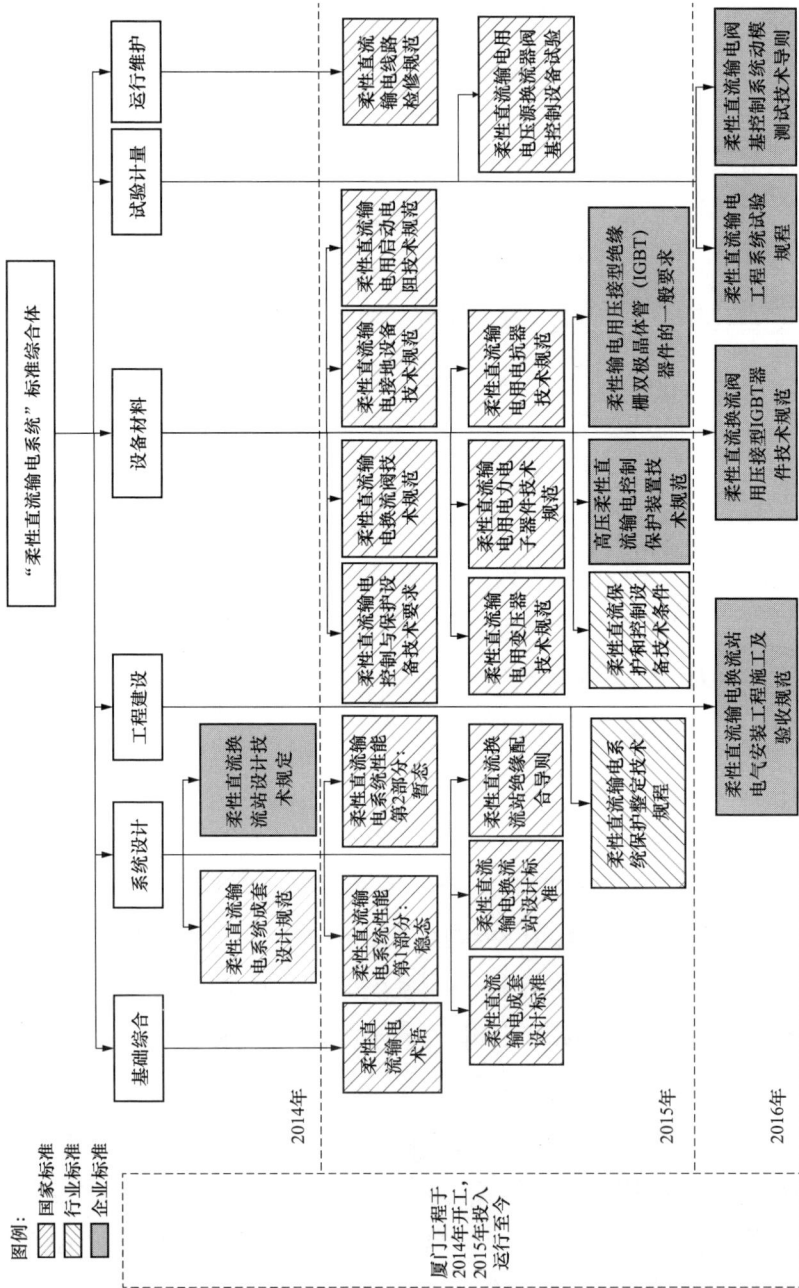

图 6-8 "柔性直流输电系统"标准综合体局部（2014—2016 年标准提案）

图例：
国家标准
行业标准

"柔性直流输电系统"标准综合体

基础综合　系统设计　工程建设　设备材料　试验计量　运行维护

2014年

厦门工程于
2014年开工，
2015年投入
运行至今

2015年

高压直流输
电用电压源换流器
阀电气试验

柔性直流输电
用电压源型换流阀
电气试验

柔性直流输
电工程系统试验
规程

2016年

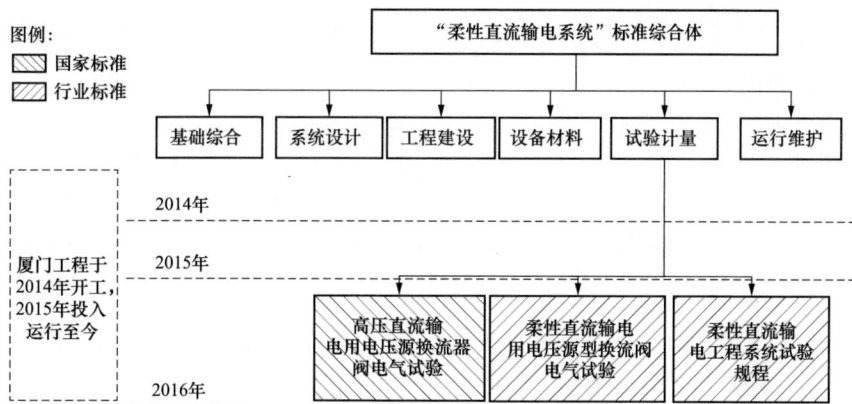

图 6-9　"柔性直流输电系统"标准综合体局部（2014—2016 年标准发布）

（2）系统设计。柔直系统包括单极、双极两种不同类型的主接线方式。与单极系统相比，双极系统的运行方式、过电压与绝缘水平等差异非常大，需开展高压大容量柔直相应的主参数优化设计及主设备选型、换流站和换流阀厅的紧凑化设计、柔直系统与交直流系统间交互耦合规律等技术攻关，同步开展"柔直输电系统的成套设计规范"等标准研制，以期在两端、多端、单极、双极柔直系统设计层面最大限度实现通用化设计。

（3）工程建设。示范工程建设是检验我国大容量柔直技术研究效果的最佳途径。为更好地吸收以往工程经验并保障未来工程建设的顺利实施，需重点推进"电气安装施工及验收""柔性直流输电系统保护整定技术规程"等标准研制，这需要先期开展换流站安装方法、换流站竣工验收方法、换流阀和阀控多区域保护协调配合等技术攻关，以获得相关的技术参数和指标要求。

（4）设备材料。对于千兆瓦级大容量柔直系统，单纯依赖预留足够裕度的设计方法将导致设备技术经济性变差。因此，需重点关注柔直换流阀、接地设备、启动电阻、电抗器、变压器、电力电子器件等设备技术要求的协调性，以保证行业内形成统一规范，保证技术经济性。为达到此目的，就需要开展换流阀相间、上下桥臂间、桥臂内子模块间、子模块内可控开关器件间的协调技术，可控开关器件动静态特性、热特性、电磁特性、机械特性等性能的协调技术，阀控装置大规模数据的实时处理技术、阀控设备整体架构的高可靠性设计技术，阀控制保护系统架构设计、多子模块电容电压平衡控制以及百微秒实时投切控制技术等技术攻关，为相关标准研制提供必不可少的技术支持。

（5）试验计量。双极柔直系统中的一极发生故障后，故障极的功率可快速转移至健全极，因此对正负极的控制保护及阀基控制设备提出了既要相对独立完成控制保护基本功能，又要有效、快速、精准地协调配合的新要求。这就需加快推进"柔性直流输电用电压源换流器阀基控制设备试验""柔性直流输电控制保护系统联调试验技术规程"等标准研制，为相关工作提供统一的技术依据；同样需要先期开展模块化多电平柔直系统等比例缩小物理动模平台设计技术攻关，面向工程应用的实时仿真试验技术攻关，以及正负极协调控制保护策略研究等技术攻关，支持标准研制工作。

（6）运行维护。大容量柔直换流阀子模块数量众多，缺少标准化的检修流程，将给工程长期可靠运行带来隐患。为适应我国柔直技术向更高电压等级和千兆瓦级输送容量的跨越式发展的现实需求，应重点推进"柔性直流换流阀检修规程"等标准研制工作，同步开展基于风险评估的运行方式、系统调试、系统运行维护、换流站在线监测、状态检修、典型故障的影响分析、典型故障处理及非典型故障应急预案等技术攻关，实现两者互动发展。

综合上述需求，"高压大容量柔性直流输电工程关键技术研究及示范应用""大规模多节点柔性直流控制保护数模混合仿真系统关键技术研究""高压大容量柔性直流输电运行与检修策略研究""柔性直流支撑弱交流系统的协调控制技术研究""柔性直流换流器容量提升及其架空线应用的基础理论和关键技术研究""基于大规模VSC换流器的直流输电仿真及误差补偿基础理论研究""厦门柔性直流工程成套设计"等多项国家电网有限公司重大科技项目相继立项，在源头上保障了该发展阶段柔直产业和标准所需技术的有效供给。

3．科研—标准"中期对接"

（1）基础综合。国内多个投运柔直工程的科研—标准—产业（工程）"三位一体"实践，推动国家标准《柔性直流输电术语》于2015年获批立项。该项标准主要包括"拓扑结构及电气主接线""电压源换流器的状态""换流站一次设备""电压源换流器的拓扑与组成""直流断路器的拓扑与组成""柔性直流输电控制系统""柔性直流输电保护系统"等内容，形成系统级的柔性直流输电术语体系，将全面统一我国柔直技术领域的术语定义，为引导柔直产业规范性发展起到基础性保障作用。

（2）系统设计。基于厦门工程，建立了交直流电网系统运行中的通用计算工具。按照"现代模块化＋技术创新"方式，构建了由交流系统、直流系统、交直流接口以及控制系统四个子模型组成的完整仿真模型；发明了柔直系统对交流电网短路电流影响的计算方法，创新性开发了含双极柔直系统的电网潮流、机电暂态仿真工具，解决了交直流电网规划运行中通用计算工具缺乏的问题，并推广应用于渝鄂工程和张北工程的系统设计。同时，提出了柔直系统损耗的工程实用模型。同样采用"现代模块化＋技术创新"方式，对柔直系统损耗进行分解，建立了柔直系统总损耗与换流阀元件特性、有功/无功功率、换流变压器挡位、交直流混合系统电压水平等运行参数间的解析关系，构建了柔直系统损耗工程实用模型。

（3）工程建设。厦门工程对柔直工程建设方面的贡献，一方面是提升了柔直换流阀及阀控的可靠性。采用"现代模块化＋技术创新"方式，研究提出标准化工艺生产流程和检测方法，建立多级化电性能与物理性能测试平台。从板卡级到子模块级，从电、热到机械应力，从正常运行到故障穿越，从稳态到暂态，从生产流程到检测方法，完成换流阀不同层级深度的不同模块以及模块间的可靠性研究与验证，全面提升了换流阀阀控设备整体的可靠性。另一方面是建立了柔直换流阀控制策略。在模块层级的不同深度，如交直流系统间、换流站间、相单元间、桥臂间等，研究提出适用于多层面的能量平衡电流控制策略，保证了不同深度模块间功能的有效衔接；基于电容电压平衡机理分析，研究提出低开关频率电容平衡优化控制方法，实现换流阀高平衡度、低纹波运行，形成有效解决超过 2500 个子模块（单站）动态均压和相间环流抑制的控制策略。

（4）设备材料。在柔直设备材料方面，一是研制高压大容量柔直换流阀。从电气、机械到热力，从低频到高频，从开关器件、母排、阀模块到阀塔，从稳态到暂态，从正常运行到故障态等多种情况，对换流阀系统不同模块、模块间、模块组合等不同深度开展一体化联合攻关，研制出高功率密度、防火、防爆、防水、防离子扩散、高抗干扰能力的高压大功率模块化多电平柔直换流阀。二是研制柔直换流阀阀控装置。从硬件到软件，从正常运行到故障态，从数据处理到整体架构，从嵌入式到分布式并行等多种情况，对换流阀阀控装置的不同模块、模块间、模块组合等不同深度开展攻关，研制出适用于高压大容量模块化多电平的阀基控制设备。

（5）试验计量。将柔直动模平台分解为换流阀、低电位阀送能、交流系统集成、阀控系统等子模块，攻克了等时间常数相似判据技术、低压动模平台参数设计误差分析方法、低压动模子模块板卡一二次集成设计技术、大量光纤通道（数百至数千）以实现换流阀与阀控实时通信的通信技术、阀控系统与站控之间的高速通信技术等。研究确立换流阀动模平台内部各子模块间、动模平台与外部站控系统间接口规则等标准化成果，推动国家电网有限公司企业标准《柔性直流输电阀基控制系统动模测试技术导则》等标准立项。

（6）运行维护。基于双冗余分层分布式架构，研制独立的柔直运行监测系统模块，实现换流站运行方式、控制方式、顺序控制状态、各开关刀闸状态、全站数千子模块状态等信息的实时全景监测，解决了柔直系统子模块监测数量庞大、分辨率要求高的难题，改善了以往柔直系统阀控、站控系统中阀组状态信息、换流站状态信息分散且不全面的状况。从模块化的角度，在检修中为故障子模块维修更换提供准确的定位，也为柔直控制保护的逻辑与定制改进消缺提供依据，进一步提升了柔直工程运维与检修效率，进而研究制定柔直系统检修规范，指导柔直系统工程的精益化检修。

4. 科研—标准"后期对接"

2015—2016 年，柔直领域累计 15 项技术标准正式获批立项，且大部分为国家标准，达到峰值。这与我国柔直技术和产业发展实际需求相适应。该时期科研—标准"后期对接"的主要情况如下：

体系性申报标准制修订并获批立项。2015 年，柔直标准综合体整体性申报国家标准制修订计划，经过技术专家、标准化专家联合审查和上级标准化管理机构审核，第一批共计 12 项标准于 2016 年获批立项。该批标准包括《柔性直流输电系统性能 第 1 部分：稳态》《柔性直流输电系统性能 第 2 部分：暂态》《柔性直流输电用启动电阻技术规范》《柔性直流输电用电抗器技术规范》《柔性直流输电换流阀技术规范》《柔性直流输电用变压器技术规范》等，覆盖柔直系统设计、工程建设、设备材料、试验计量和运行维护多个分支。其中，国家标准《柔性直流输电用电力电子器件技术规范》体现了"模块化"深度向器件级的延伸，规定了柔直用电力电子器件的术语和定义、额定值和特性、试验、标志。

标准的陆续发布支撑产业有序发展。继 2014 年发布柔直领域首个国家标准后，2016 年正式发布 GB/T 33348—2016《高压直流输电用电压源换流器阀 电气试验》、DL/T 1526—2016《柔性直流输电工程系统试验规程》等试验计量类标准。标准的正式发布对柔直换流阀及工程系统试验起到及时规范和指导作用。

推动新科技项目（含标准化科研项目）立项。根据柔直产业的发展需要，2016年国家电网有限公司设立标准化科研专项"柔性直流输电标准体系优化及标准国际化策略研究"。该项目结合已有柔直相关技术研究成果和工程建设实践经验，对柔直关键、共性问题进行梳理、提炼，针对柔直标准体系提出优化建议及国际标准化推进方案。结合厦门工程运行情况，国家电网有限公司于2015年设立"高速高精度大规模直流系统数字仿真与功率接口技术研究"重大科技项目，深入开展数字仿真与功率接口技术研究。这两个项目也是在科研—标准"后期对接"过程中根据工程实际运行情况而提出的研发需求，将推动科研、标准再次开启"全流程对接"，形成"具有标准化基因的创新成果"，为后续显性化形成高质量标准做好技术储备和铺垫。

具有标准化基因的创新成果推动标准实现引领。在科技创新环节采用"现代模块化＋技术创新"方式所形成的"具有标准化基因的创新成果"，融合标准化理念的同时更是承载了先进的科学技术。因此在通过工程验证后，"具有标准化基因的创新成果"通过显性化形成的技术标准，更能充分体现标准引领作用。同时，这种引领作用在科技创新环节即已有所体现，这是标准引领的深层含义。如"阀基控制设备应采用模块化、分层分布式、开放式结构"这一技术要求，在开展换流阀阀基控制设备研制时即开始运用，模块化的理念和阀基控制设备功能的若干技术创新方法相结合，显著提升了阀基控制设备的各项功能。这一技术要求，作为阀基控制设备的基本技术要求，已被纳入国家标准《柔性直流输电用电压源换流器阀基控制设备试验》中。

产业发展的需求是标准显性化的第一动力。2012—2016年，柔直标准获批立项30项，发布6项。这些标准的形成不是以科技项目是否验收作为判据或动力，而是以柔直产业和工程建设的标准化需求作为第一动力。当"具有标准化基因的创新成果"实现突破且通过产业（工程）的验证后，其所依托的科技项目无论是否验收，均可显性化为标准立项提案。产业（工程）的标准化需求明确，科研—标准"全流程对接"正常运转，那么"具有标准化基因的创新成果"就具备了显性化的条件。这也改变了现在较多科技成果"等到项目验收，完成成果鉴定，才开始串行考虑如何形成技术标准"的现状。从某种程度上看，科技成果转化为技术标准的串行方式，有可能贻误形成标准的最佳时机，从而不能很好发挥标准对规范产业发展的作用。

工程应用推动新的技术攻关和标准研制需求。已投运柔直工程发生过多起故障，因为子模块取能单元故障、阀基控制设备检测阀故障、阀基控制设备检测阀漏水故障等都导致了柔直系统停运。为提升柔直系统运行可靠性，基于采用"现代模块化＋技术创新"创新思路、动态物理模拟实验研究所取得的研究成果，"子模块取能单元故障试验""阀基控制设备检测阀故障保护试验""阀基控制设备检测阀漏水故障试验""阀基控制设备供电可靠性试验"等作为明确的试验项目纳入国家标准《柔性直流输电用电压源换流器阀基控制设备试验》中，作为重要技术条款。为进一步规范阀控系统的动态模拟试验过程，2016 年以"阀控系统的动态模拟测试"为标准化对象，首次立项国家电网有限公司企业标准《柔性直流输电阀基控制系统动模测试技术导则》，对柔直阀基控制系统动模试验的一般要求、试验系统要求、试验内容及方法做出规定。另外，在柔直设备材料方面，由于柔直换流阀子模块开关不同步、半导体器件的开关速度快及高频情况下杂散参数分布特性复杂等因素，柔直换流阀子模块中控板卡的射频电磁场辐射抗扰度难以通过理论分析准确计算，也难以通过试验测量而获取。因此，其具体取值一般与常规直流换流阀相应位置板卡的抗扰度标准保持一致。对于上海工程等电压等级和容量较低的柔直工程，投运后运行情况良好，取该值是合适的。但对于电压等级更高和输送容量更大的厦门工程，投运后其按照原标准设计的中控板卡无法耐受该环境下的强电磁干扰，从而导致出现电压采集偏差现象，甚至掉电造成子模块旁路故障。结合厦门工程投运后相关反馈情况，将中控板卡的射频电磁场辐射抗扰度要求的参照标准提升一级，此后厦门工程再未发生过类似现象。这也为优化相应标准条款提供了可信的依据。

（四）产业拓展期方向之三——应对"直流异步电网互联"需求

1．基本情况

对于大规模的同步交流电网，相对较小的故障就有可能引发大面积停电事故，严重时甚至导致交流电网系统瓦解。近年来国外发生的多起停电事故充分说明了这一点。直流异步联网，可消除因故障引起的潮流大范围转移，是预防大面积停电的有效措施之一，能有效提高大规模互联电网的运行可靠性。相比常规直流输电技术，柔直技术可依据电网运行需求，灵活快捷地改变电能输送大小和方向，可有效实现直流异步联网，同时还具备 STATCOM 无功功率支撑功能，从而具有更多优势，是目前可供选择的最佳联网方式。

在柔直技术、产业发展的拓展期，一个重要标志就是实现了"直流异步电网互联"。渝鄂工程是其标志性工程之一。"柔性直流输电系统"标准综合体局部（2017—2019 年标准提案、标准发布）分别如图 6-10 和图 6-11 所示。

2．科研—标准"前期对接"

建设渝鄂工程时，柔直系统面临两方面新的挑战。一是电压等级和输送容量进一步增大，二是直流系统涉网特性更加复杂。相比以往柔直工程，渝鄂工程换流阀的每个换流桥臂上串联的全控型电力电子模块数量进一步增多，整个换流阀系统的控制复杂程度进一步加大，对运行控制要求的严苛程度更高。要提升交流电网的运行可靠性，对直流系统和交流系统的交互机理研究和运行要求，定性上就要更加深入，定量上就要更加精准。

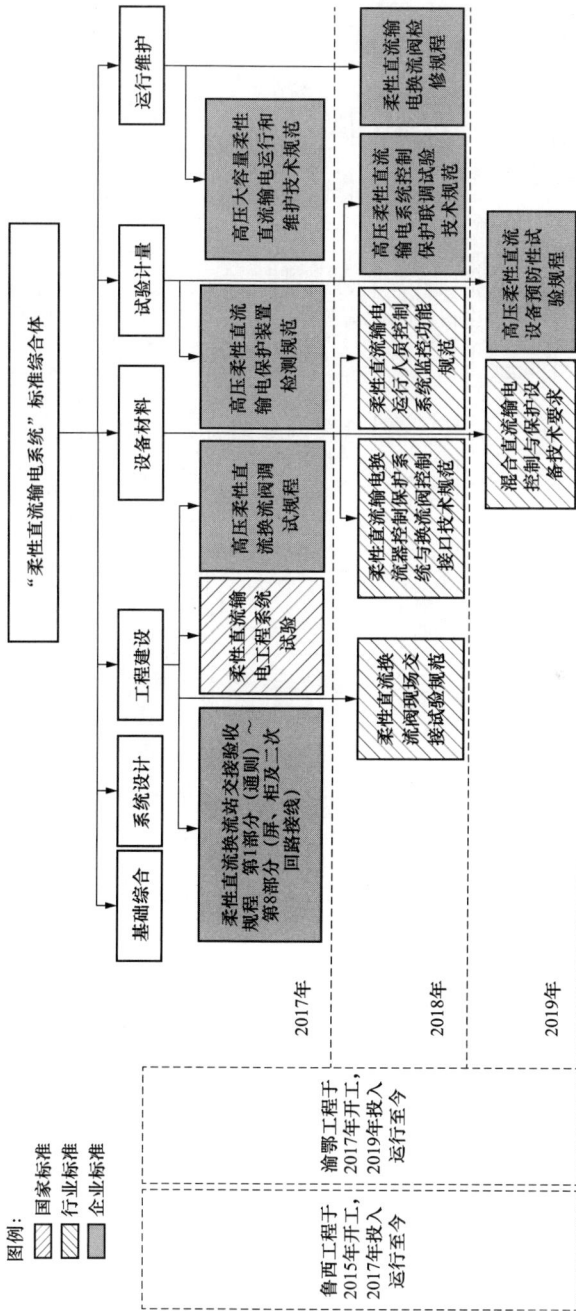

图 6-10 "柔性直流输电系统"标准综合体局部（2017—2019 年标准提案）

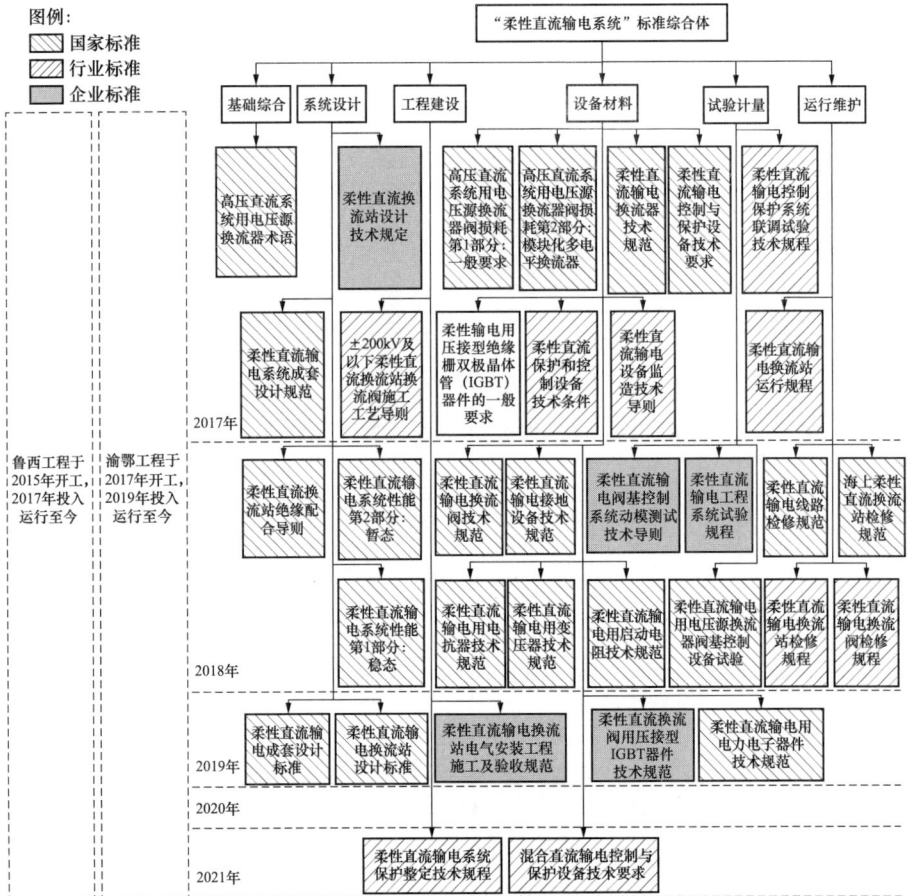

图 6-11 "柔性直流输电系统"标准综合体局部（2017—2019 年标准发布）

（1）系统设计。针对柔直异步联网涉及的与系统交互影响以及系统运行性能的新需求，需加快推进"柔性直流输电换流站设计标准"等标准研制。这需要在深入研究柔直系统运行控制与电网电压、频率的交互影响机理基础上，研发柔直系统与电网协调控制关键技术、功率振荡抑制技术、动态无功支撑技术、异步互联电网紧急功率支援技术和附加频率控制技术等，实现科研与标准联动。

（2）工程建设。异步联网的应用场景涉及更大容量的换流阀技术和更加复杂的涉网控制策略，使得工程调试试验项目更加丰富，需重点推进"柔直换流阀现场交接试验规范""高压柔直换流阀调试规程""柔直换流站交接验收规程""柔直输电工程系统试验"等标准研制工作。相应地，需要开展柔直工程换流站系统试验技术、端对端系统试验和试运行技术、高压柔直换流阀调试技术研究，包括阀塔、阀控、内冷系统以及特殊调试试验项目等，为标准研制提供必要的技术支持。

（3）设备材料。柔直工程换流阀电压等级和容量提升，使得每个换流桥臂上串联全控型电力电子模块数显著增多，对柔直控制保护软硬件平台提出了新要求，加快制定"柔直换流器控制保护系统与换流阀控制接口技术规范""柔直运行人员控制系统监控功能规范"等标准可有效提升控制保护设备的性能和可靠性。相应地，就需要围绕高可靠性、通用性设计和研制技术，以及控制保护设备高速数据处理技术和控制保护系统运算能力扩展性硬件架构设计技术等方向开展科研布局，研究解决标准研制过程中涉及的重大技术难题。

（4）试验计量。高压大容量异步联网柔直工程装备的应力增大，对试验装置与试验技术提出了更高要求，需进一步丰富柔直试验标准体系内涵，增加"高压柔直输电保护装置检测规范""高压柔直输电系统控制保护联调试验技术规范""高压柔直设备预防性试验规程"等标准。为此，需先期开展柔直换流阀子模块试验电压、电流、热等应力与实际应力的等效技术，换流阀子模块试验平台拓扑结构的通用性设计等技术攻关，为相关标准研制提供技术支持。

（5）运行维护。高压大容量异步联网工程涉及与交流系统的协调运行新要求，需推动研制"高压大容量柔直运行和维护技术规范"等标准，确保工程成套装备运行可靠性和安全性。相应提出工程性能更优的柔直换流器启动技术、柔直换流站运行方式，以及站内设备运行、巡视、维护、异常及故障处理等技术攻关需求，联动科技研发和标准研制工作。

围绕上述技术攻关需求，"渝鄂柔性直流联网与电网配合特性以及电网动态稳定适应性研究""柔直换流阀轻型化关键技术研究""柔性直流工程换流站关键设备通用接口研究""3300V/3000A 低损耗 IGBT 器件关键技术研究""渝鄂工程南北通道成套设计"等多个重大科技项目相继获批立项。

3. 科研—标准"中期对接"

（1）系统设计。采用"现代模块化＋技术创新"模式方式，将交流大电网作为系统，分析柔直模块与所连接的交流电网模块之间的交互机理，提出了柔直背靠背电网异步分区互联系统设计方案，发明了自适应电网电压和频率梯度变化的分级无功补偿和有功调制方法。研究揭示了柔直系统与交流电网阻抗不匹配的固有谐振机理，提出了交流电网阻抗、柔直主回路和控制器参数的谐振灵敏度计算方法，发明了控制链路优化和前馈滤波阻尼等谐振抑制技术，支撑柔直接入弱交流系统的安全稳定运行。揭示了柔直与交流系统故障交互影响的机理，计算出交流电压、控制延时和功率器件电流的量化关系，提出了基于毫秒级暂停触发和快速恢复技术的柔直暂态电流主动控制方法，保证柔直系统在严重过电流故障下的稳定性。

（2）工程建设。采用模块化的理念，一方面分析了高压柔直换流阀设备的阀塔、阀控、内冷等不同模块在现场交接试验中的关系，提出了针对不同模块的高压柔直换流阀现场交接试验方法和现场调试试验项目，实现了高压大容量紧凑型阀塔现场交接试验、阀控系统海量数据百微秒内精准测试试验方法和内冷循环系统试验方法等，确保了设备性能可靠验证。另一方面设计了"站系统"和"端对端系统"两个试验模块的时序关系，提出了谐振抑制试验方法和暂态电流主动控制等特殊试验方法，制定了考虑复杂涉网运行特性验证能力的工程系统试验项目，全面有效验证了现场设备质量和系统运行性能，确保了工程建设质量。

（3）设备材料。在柔直设备材料方面，结合高压大容量异步联网柔直工程需求，一是研制了高可靠性通用柔直控制保护软硬件平台。采用"现代模块化＋技术创新"模式方式，为保证通信可靠性，采用标准化的通信功能测试和可靠性测试方法，对通信性能进行验证。应用通用化理念，提出了灵活可变的帧结构，利用控制码作为帧的起始和终止，提高了通信总线的通用性。建立了控制保护内部模块及其与外接设备模块间的高速总线通信架构，满足了高压大容量直流控制保护设备数据传输的实时性要求。提出了辐射型多模块复合通信架构，核心模块和各类型接口模块间通过独立链路连接，独占通信通道，大幅提高通信响应速度，同时避免了通道间的相互干扰。各功能模块在核心模块中独立映射为固定区间，提高了总线的可靠性，具有极强的可扩展性，满足了百微秒控制周期内大量数据实时传输和多模块协同工作的需求。二是提出了多模块协同工作的核心主处理单元硬件架构。建立了多模块协同工作的硬件架构，实现了系统运算能力的可扩展性，具备了兼容各种电压等级下单站单极、单站双极以及柔直电网等的工程实际需求。控制保护设备的主控机箱是实现数据处理逻辑的主体计算模块，而采样机箱、开关量输入/输出机箱等功能机箱则为数据采集模块，主控机箱协同各功能机箱组成多模块协同工作的控制保护系统。随着柔直电压等级及输送容量的增高、增大，控制保护系统所要处理的数据成倍上升，采用这种模块化的硬件架构，可以不改变原硬件设计，以积木堆叠的方式实现系统控制处理能力的有效提升。

（4）试验计量。在柔直试验计量方面，一是攻克柔直换流阀子模块多应力全工况等效试验技术。采用"现代模块化＋技术创新"模式方式，将每一个激励源、每一种应力都分解为独立的试验模块，提出了一种多源复合、多应力等效复现的功率自循环复合等效方法。通过控制整流单元和逆变单元交换的有功功率与直流功率达到动态平衡，实现了功率在两个单元内部自循环；通过在多类型测试电路的复合叠加来实现多条件测试，并通过子模块电容均衡策略控制附加开关点实现了开关器件的频率和损耗控制，配合水冷系统温控功能实现了器件的热应力控制。在试验环境下真实再现了各种运行工况下子模块电压、电流、开关频率、温度和损耗等关键参数。二是攻克换流阀子模块试验系统高集成度通用化设计技术。建立了适用于 10 余种试验电路的通用型柔直换流阀子模块综合试验系统，相对于以往试验平台测试效率提升 8 倍以上。针对多样化工程测试需求，采用"现代模块化＋技术创新"模式方法，提出了多源信息融合架构、多阶梯分段预充电和调制策略自跟随切换技术，建立了包含试验拓扑、试品规模、测试工况、试验项目、调制算法、控制参数和保护逻辑在内的多维试验条件限制矩阵，识别界定了上述多个模块之间的边界，明确了试验选项之间的匹配关系，控制系统根据试验人员输入，自动切换调制策略和控制保护参数，提高了换流阀子模块试验的自动化程度。

（5）运行维护。在柔直运行维护方面，一是研制柔直换流阀子模块现场检测装置。相对于柔直运行监测这一"远程"模块来说，为提升运行维护的整体效率，研制现场检测装置这一"近程"模块，全面检测子模块的电容、IGBT、晶闸管及内部控制板功能，快速定位子模块故障点，子模块故障诊断方式由原先的返厂检测改进为现场快速诊断，同时界定好"近程"模块和"远程"模块在运行维护工作中的分工和界面规则，以提升柔直系统的整体检修效率。二是研究柔直换流器的主动均压启动方法。采用"现代模块化＋技术创新"模式方式，将预充电和均压两个模块协调设计，在经软启电阻对子模块进行软启预充电时，即对每个桥臂内部子模块电容电压进行排序，软启过程结束时以子模块电压达到额定值为目标，适当设定切除子模块个数 N，对于子模块电容电压从高到低的前 N 个子模块，触发子模块下桥臂 IGBT；对于其余子模块，闭锁子模块上、下桥臂 IGBT。按此规律充电到子模块电压稳定后，闭合软启电阻旁路接触器，完成软启动。可有效保证子模块软启电压稳态值均为正常闭环运行稳态电压，并且保证整个启动阶段桥臂内各子模块电容电压的一致性。

4. 科研—标准"后期对接"

2017—2019 年，鲁西工程和渝鄂工程相继投运。柔直产业规模越来越大，对标准化的显性需求越来越高，技术研发带动产业链向两端延伸（如大功率半导体器件自主研制技术等），不断形成新的科研项目（含标准化科研）和"具有标准化基因的创新成果"。

标准发布数量达到第一个峰值。2017—2019 年，累计发布 30 余项柔直标准，包括 21 项国家标准、9 项行业标准。"柔性直流输电系统"标准综合体的标准制修订工作全面推进，为柔直产业的飞速发展提供了充足的标准化支撑。如 GB/T 35745《柔性直流输电控制与保护设备技术要求》，规定了柔直系统控制与保护设备的通用要求、功能与技术性能要求、试验要求、标志标签要求、包装运输及贮存要求、供货的成套性要求以及质量保证等，适用于双端、多端、背靠背柔直系统的控制与保护设备，可作为设备设计、制造、试验、验收的依据。该标准对已投运的双端、多端、背靠背等各柔直系统做出统一规范，采用"通用模块＋专有模块"的模块化方式，提出双端、多端、背靠背等方向的通用要求，并对专有的标准化要求进行单独规定。

标准立项数量达到第二个峰值。2017—2019 年，累计新增立项 20 余项柔直标准，包括 2 项国家标准、6 项行业标准。"柔性直流输电系统"标准综合体中首次立项企业标准，而且其立项规模远超同期国家标准和行业标准，标准研制工作从全国性、行业性的技术统一转向国家标准、行业标准和企业标准的同步推进。这也符合国家标准体系"二元结构"的总体思路。其中，国家电网有限公司企业标准重点对调试试验（Q/GDW 11954《高压柔性直流换流阀调试规程》）、交接验收（Q/GDW 11953《柔性直流换流站交接验收规程》第 1～9 部分）、控制保护装置（Q/GDW 12042《高压柔性直流输电保护装置检测规范》）等方面提出比国家标准和行业标准更高的技术要求，这与国家电网有限公司在标准体系建设中强调企业标准要严于国家标准、行业标准的原则要求是一致的。

工程应用催生新的技术攻关和标准研制需求。在柔直系统设计方面，对于启动电阻的安装位置，GB/T 36955《柔性直流输电用启动电阻技术规范》规定："一般应在交流侧配置启动电阻，位置可选为连接/换流变压器网侧或阀侧"，但在实际工程柔直系统充电过程中，安装在换流变压器网侧的启动电阻多次出现过热现象。对启动电阻与换流变压器这两个同层级设备模块间的交互机理进行深入研究，结果表明，换流变压器剩磁会导致磁通饱和，使励磁涌流长时间过大，故而引起布置在网侧的柔直系统启动电阻因持续承受变压器励磁涌流而过热。通过科研攻关，进一步研究提出了采用变压器消磁、启动电阻保护中增加反时限过电流保护、将启动电阻放置在换流变压器与阀组之间等解决措施，为后续柔直工程设计和标准的修订提供技术和实践依据。渝鄂工程的系统设计方案中，启动电阻的安装位置已由网侧调整至阀侧，工程中再未发生过启动电阻过热的问题。在柔直设备材料方面，鲁西工程首次采用了大容量混合直流输电技术，其送端采用 LCC 阀，受端采用 VSC 阀。从系统层面看，整体直流输电系统是将 LCC 阀和 VSC 阀分别作为一个模块，进而采取 LCC 和 VSC 的组合方式，最大限度发挥 LCC 和 VSC 的组合化技术优势，并且有效提高直流输电工程的技术经济性。结合混合直流输电技术的应用实践，在鲁西工程投运 2 年后，电力行业标准《混合直流输电控制与保护设备技术要求》于 2019 年获批立项。该标准将规定混合直流输电系统控制与保护设备的技术要求、试验要求、标志标签要求、包装运输及贮存要求、供货的成套性要求以及质量保证等，适用于电压等级在 ±110kV 及以上，包含 LCC 换流器和 VSC 换流器，并具有并联拓扑结构的双端或多端混合直流输电系统控制与保护设备，可作为设备设计、制造、试验、验收的依据。同时，为满足高压大容量异步联网柔直工程的标准化运维需求，在行业标准 DL/T 1833《柔性直流输电换流阀检修规程》基础上，国家电网有限公司于 2019 年立项企业标准《柔性直流输电换流阀检修规程》。按照可执行易操作的原则，该标准对检修策略和检修项目进一步细化补充，尤其是规范了柔直换流阀本体（含内冷相关水回路）、阀基控制设备和光纤的检修规程；在检修策略方面严于 DL/T 1833《柔性直流输电换流阀检修规程》；在检修项目方面也比 DL/T 1833《柔性直流输电换流阀检修规程》更加细化，如规定"在阀级功能测试方面细化旁路开关功能测试，包括回路电阻、合闸时间、回报时间等以及电容器容值测试"，而 DL/T 1833《柔性直流输电换流阀检修规程》仅要求阀级功能试验，并未对试验内容做细化要求。

（五）产业跃迁期方向之一——应对"大容量直流组网"发展需求

1. 基本情况

随着新能源持续发展以及电网技术不断升级，柔直技术在很多情况下需要实现多电源输入和多落点供电，这就需要在多端柔直基础上进一步发展直流电网技术。多端柔直系统的直流传输线在直流侧全部连接起来，可组成直流电网，具有换流站数量大大减少、换流站可以单独传输功率、可灵活切换传输状态和高可靠性等优势。尤其是可以将风电、光伏发电等多种能源连接在一起，利用风电、光伏、储能等多种能源形式之间的互补性，有效克服新能源发电波动性、间歇性与不可控性等问题。

经过拓展期技术升级和工程检验后，柔直技术、柔直产业迈入跃迁期。该阶段的典型代表工程为国家电网有限公司建设的张北工程。该工程在世界上首次实现"直流组网"，创造了 12 个世界第一，是目前柔直技术工程化应用的顶峰之作。张北工程将为 2022 年北京冬奥会实现 100% 绿色供电发挥巨大作用。"柔性直流输电系统"标准综合体局部（2016—2020 年标准提案、标准发布）分别如图 6-12 和图 6-13 所示。

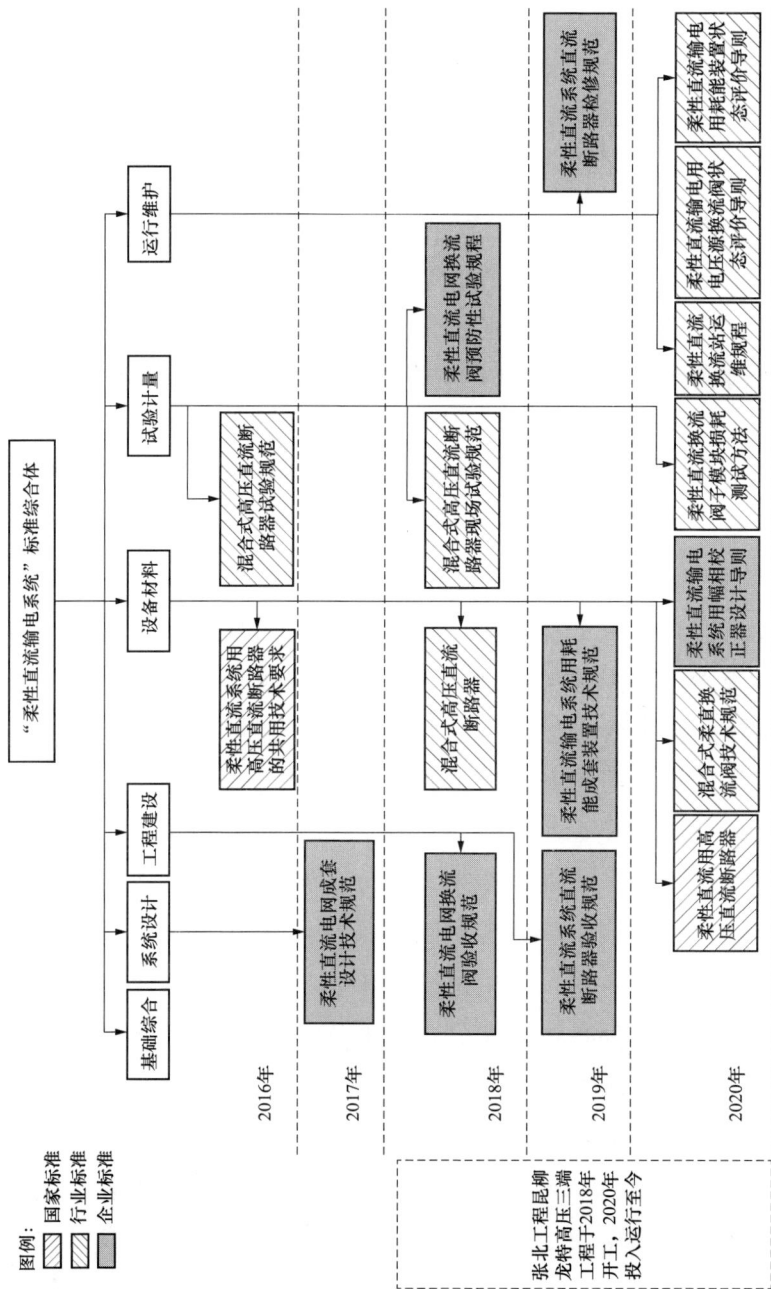

图 6-12 "柔性直流输电系统"标准体局部（2016—2020 年标准提案）

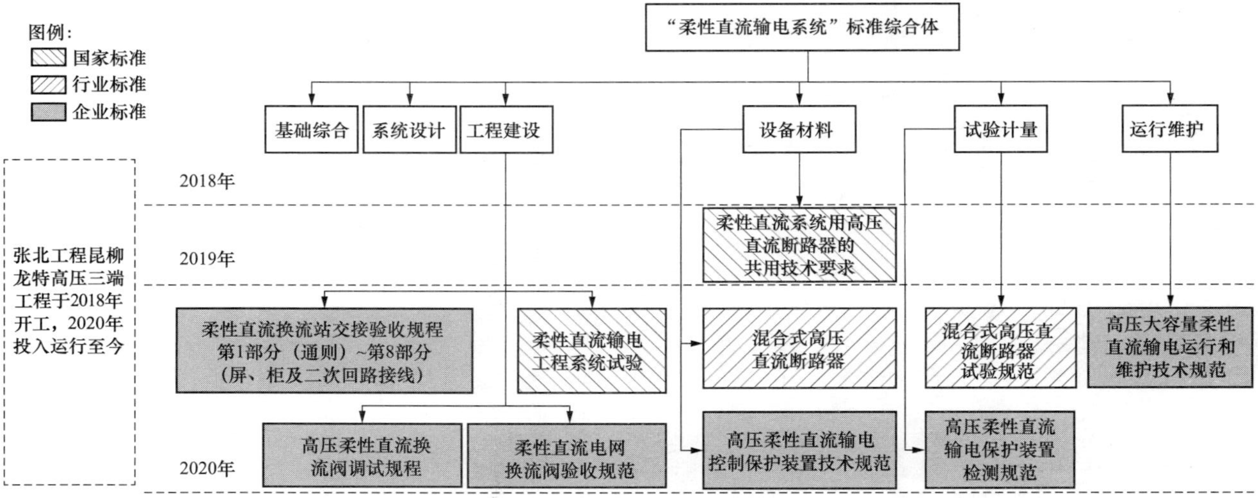

图 6-13　"柔性直流输电系统"标准综合局部（2016—2020 年标准发布）

191

2. 科研—标准"前期对接"

建设张北工程时，柔直系统面临三个方面的主要挑战。一是输送电压等级和容量进一步提高，二是国际上首次构建直流电网，三是引入高压直流断路器等多种新型直流装备。相比以往任何一个柔直工程，张北工程所用柔直换流阀的电压等级和容量都大幅提升，导致功率模块的功率密度进一步增大，换流阀电气应力接近极限，对换流阀设计制造提出极高要求；张北工程采用架空输电线路组网，这导致其遭受外部影响的概率大幅增加，运行工况显得极其复杂；张北工程换流阀、直流断路器等复杂电力电子设备之间需更加有效地控制与协调配合；此外，在直流电网的应用场景下，各种故障的传播机理更加复杂，直流电网内部各类型装备、一次系统、二次系统等协调配合的精准性要求越来越高，复杂度大幅攀升。这需要更加充分运用科研—标准—产业（工程）"三位一体"工作思路做好整体布局。

（1）系统设计。构建直流电网对换流阀、直流断路器等复杂电力电子设备之间的控制与协调配合提出了新要求，《柔直电网成套设计技术规范》等标准的研制需求应运而生。为支持标准研制工作，国家电网有限公司组织开展了一系列科技攻关，包括架空线输电关键技术、柔直电网接地方式研究，新能源孤岛接入柔直电网交互机理研究，突破大容量交流耗能装置及高压直流断路器等新型装备与柔直电网间的故障穿越联动配合技术研究，高压柔直电网电磁暂态模型及过电压特性研究，换流阀拓扑及组合设计技术研究等。

（2）工程建设。张北工程中，新组网形态和新装置的应用实现了直流功率的灵活调配，设备的运行工况和所承受的应力也与以往不同，需重新定义工程装备的验收标准，开展《柔直电网换流阀验收规范》《柔直系统直流断路器验收规范》等标准研制工作。为支持相关标准研制，国家电网有限公司同步组织开展了换流阀子模块低压加压试验技术、柔直换流阀主动充电技术和换流阀桥臂过电流保护策略优化技术等技术攻关，以获取直接的标准条款制定技术依据。

（3）设备材料。大容量直流电网所采用的高压直流断路器、耗能装置等直流设备均为国际首次研制并应用，设备的性能和应用条件直接影响电网运行可靠性和经济性，这些需求有力推动了《柔性直流系统用高压直流断路器的共用技术要求》《混合式高压直流断路器》《柔性直流系统用耗能成套装置技术规范》《柔性直流用高压直流断路器》等标准的研制。为解决标准研制过程中有关技术参数、性能指标的选择问题，需同步开展换流阀高电压大电流工况下关断电压尖峰抑制技术、冷却水路电位与散热均衡技术、换流阀低控制链路延时与快速保护技术、高压直流断路器设计技术、换流阀寄生参数提取技术及换流阀状态评估和可靠性提升技术等研究工作。

（4）试验计量。直流断路器和换流阀等装备是直流电网中实现电能传输的核心装备，其经济性和可靠性是提升电能传输效率的关键因素，而试验能力和试验标准是验证装备可靠性的基础，这有力推动了柔直试验装置和试验标准的升级和完善，《混合式高压直流断路器试验规范》《柔直电网换流阀预防性试验规程》《柔直换流阀子模块损耗测试方法》等相关标准的研制工作及时提上日程。为保证标准科学性，同步开展了控制保护系统与换流阀、直流断路器等复杂电力电子设备之间控制与协调配合等技术研究，研制了不低于4000独立节点的阀控系统实时闭合数字仿真测试平台。

（5）运行维护。为实现直流电网各个设备之间更加有效的控制与协调配合，增强工程运行可靠性，需在既有柔直运行维护标准基础上，重点推进《柔直系统直流断路器检修规范》《柔直换流站运维规程》《柔直用电压源换流阀状态评价导则》《柔直用耗能装置状态评价导则》等标准研制，同步开展相关技术攻关，实现两者高效联动。

综合上述技术攻关和标准研制需求，2016年国家重点研发计划项目"高压大容量柔性直流电网关键技术研究与示范"获批立项；此外，国家电网有限公司于 2013—2020 年连续设立"直流电网基础理论研究""直流输电网络构建基础理论和关键技术研究"等 11 个公司科技项目予以配合，形成完整的、系列化的柔直电网科技创新成果。

3. 科研—标准"中期对接"

（1）系统设计。在柔直电网系统设计方面，一是深度开展张北工程成套设计及专项技术研究。采用"现代模块化＋技术创新"模式方法，创新性提出轻型化主回路设计方案、低倍率绝缘配合设计方案、孤岛新能源接入换流站的功率盈余问题解决方案、直流电网整体协同控制方案及精准快速保护方案，实现了柔直电网、新能源机组、耗能装置的系统级模块之间的精准协调控制、交直流故障穿越及快速恢复、新能源友好接入及稳定运行。二是提出直流组网中直流断路器的优化配置方法。采用"现代模块化＋技术创新"模式方法，从直流组网全系统的角度，对其中柔直换流阀、高压直流断路器等重要模块间的配合关系开展研究，揭示了直流断路器参数及安装位置、断路器与换流阀协调配合关系等对直流组网系统运行特性的影响规律，提出了直流组网系统配备不同数量、不同位置直流断路器条件下的最优配置方法，支撑直流组网系统的优化配置和高效运行。

（2）工程建设。在柔直电网工程建设方面，运用模块化设计理念，将换流阀各桥臂共用一套电流过流保护机制优化为模块化结构设计，即采用分布式独立桥臂过流保护策略，实现各桥臂的模块化运行。在分布式独立桥臂过电流保护机制基础上，运用通用化设计理念，研究桥臂过电流保护模块内部和多桥臂过电流保护模块间的保护规则，配套开发多个桥臂闭锁保护机制和单个桥臂闭锁超时闭锁机制，完成通用化架构设计，实现柔直换流阀在故障期间的灵活运行。

（3）设备材料。在柔直设备材料方面，一是持续提升柔直换流阀阀控和保护性能。运用"现代模块化＋技术创新"模式方法，设计阀控系统控制与保护高速独立双通道拓扑结构，通过采用控制信道高速处理机制，使阀控系统控制链路延时压缩至 100μs 以内；通过采用快速保护机制，阀控可在 25μs 内完成换流阀整体保护动作。二是研制混合式高压直流断路器。整体电气和结构设计、暂态和稳态运行分析等都深度融合了"现代模块化＋技术创新"理念。发明了由主支路、转移支路和耗能支路构成的模块级联混合式直流断路器拓扑；采用超高速机械开关与功率半导体器件串联实现低损耗运行，利用全桥模块电路实现双向双倍同流；提出了半导体组件和耗能器分段并联的模块化设计方法，实现了分断电压峰值抑制和系统感性能量吸收。

（4）试验计量。在柔直电网试验计量方面，一是研制 500kV 柔直换流阀成套运行试验装置。运用模块化理念，提出单相交直流功率循环等效试验方法及电路稳定运行控制方法，实现了子模块电压波动等交直流电气应力全运行范围的覆盖和准确复现。二是研究建立换流阀瞬态热仿真分析模型。提出了换流阀极端暂态过电流应力和 IGBT 器件瞬态结温的计算方法，仿真分析了极端暂态工况下的换流阀复杂应力的工程问题，为《柔性直流换流阀子模块损耗测试方法》等标准的研制奠定了基础。三是研发多源复合暂态试验系统。运用模块化理念，提出了包括直流断路器快速分断、双极短路试验在内的联合试验方法，构建了阀模块稳态运行试验、过电流关断试验、短路电流试验等全功率可关断器件成套试验装置，保障柔直电网的安全稳定运行。四是开展控制保护标准化技术创新。攻克新能源集群多机动态等值建模核心技术，研发了更加精准的小步长直流断路器实时仿真模型，设计了直流断路器、交流耗能装置等核心直流装备标准化接口，首次构建了百万千瓦级新能源经柔直电网送出的大规模全系统闭环实时仿真平台。

（5）运行维护。在柔直电网运行维护方面，一是攻克直流电流低频振荡抑制技术。深入开展柔直电网的低频振荡机理研究，识别低频振荡的本质原因，简化低频振荡抑制的技术方案，在不额外增加阀控测量量、不添加阀控硬件设备的基础上，提出了可适用于不同类型柔直工程的、基于阀控的直流电流附加阻尼控制技术，在不依赖上层极控的情况下，能够仅通过现有测量量，有效抑制换流阀直流侧站间的谐振现象，保证柔直电网的稳定、可靠运行。二是建立含直流断路器、换流阀等关键设备的运维检修技术体系。明确了直流断路器设备状态定义范围，提出了柔直换流站设备防误闭锁实现方式，建立了直流断路器、换流阀等直流电网核心设备监控、预警、处置技术手段，保障了换流站运行的稳定可靠。

4. 科研—标准"后期对接"

张北工程正式投运标志着柔直技术、柔直产业进入跃迁期阶段。相应的柔直换流阀电压等级从 30kV 提升至 500kV、单阀容量从 20MW 提升至 3000MW，柔直系统从双端、三端、五端跃迁至构建直流电网，全面显示了柔直技术的先进性。

工程应用推动新的技术攻关和标准研制需求。随着柔直技术的成熟和众多投运工程经验的积累，尤其是基于张北工程的运行情况，国家电网有限公司企业标准 Q/GDW 11733《柔性直流输电工程系统试验规程》和 Q/GDW 11734《柔性直流输电阀基控制系统动模测试技术导则》于 2021 年启动修订。这也是"柔性直流输电系统"标准综合体中首批进入修订环节的标准。运行经验表明，原 Q/GDW 11733《柔性直流输电工程系统试验规程》所规定的柔直工程系统试验的部分评价要求相对较低，例如对动态响应时间、超调量等的要求；一些试验条目和方法已不再必要或者有更新的测试手段，例如干扰验证试验；对于部分试验条目和方法，需要进一步细化，例如补充直流断路器、故障清除和电网运行方式切换等试验；柔直与交流系统的交互影响，需要通过新增试验项目进行验证，如阻尼控制功能等。随着柔直工程容量提升及应用场景的多样化，柔直阀基控制系统的控制和保护功能以及硬件架构等相比以往有了很大改进和提升，原

Q/GDW 11734《柔性直流输电阀基控制系统动模测试技术导则》已无法覆盖柔直阀基控制系统的出厂试验项目，亟须对试验内容及方法进行补充修订，如补充"自主均压功能试验"等。

推动新科技项目（含标准化科研项目）立项。随着张北工程投运，为更好地深化柔直产业所需要的高质量标准体系研究，国家电网有限公司标准化科研项目"柔性直流输电标准体系及标准国际化策略深化研究"于 2020 年正式立项。该项目依托国家电网有限公司"电力电子与柔性输电技术标准验证实验室"等平台进行联合攻关，对研制和实施中的柔直相关标准开展标准验证，是标准化与技术创新深度融合的一种创新形式。

（六）产业跃迁期——其他方向

1. 混合级联输电

由于大多数新能源发电场站都远离负荷中心，需要使用大容量远距离输电技术进行电能输送。传统的特高压直流输电技术适用于远距离、大容量功率传输，非常适合于跨区域电网互联。当交流电网发生扰动时，多馈入直流将可能给受端交流电网带来严重冲击。结合了 LCC 和 VSC 各自技术优势的混合级联直流输电技术在缓解多馈入短路电流、减少多回直流换相失败次数、增加交流电网电压支撑能力等方面具有明显优势。

为规范混合级联柔直产业发展，基于系列科技成果，首批国家电网有限公司"混合级联柔直"企业标准于 2020 年形成草案，于 2021 年正式获批立项。"柔性直流输电系统"标准综合体局部（2020 年标准提案）如图 6-14 所示，主要涵盖 5 大类共 21 项，包括 1 项基础综合类标准《混合级联直流系统术语》，以及《混合级联直流换流站设计要求》等 11 项系统设计类标准，《混合级联直流输电系统直流保护整定规范》等 3 项工程建设类标准，《混合级联直流系统直流滤波器技术规范》等 5 项设备材料类标准和 1 项试验计量类标准《混合级联直流输电系统二次系统联调试验技术规程》。

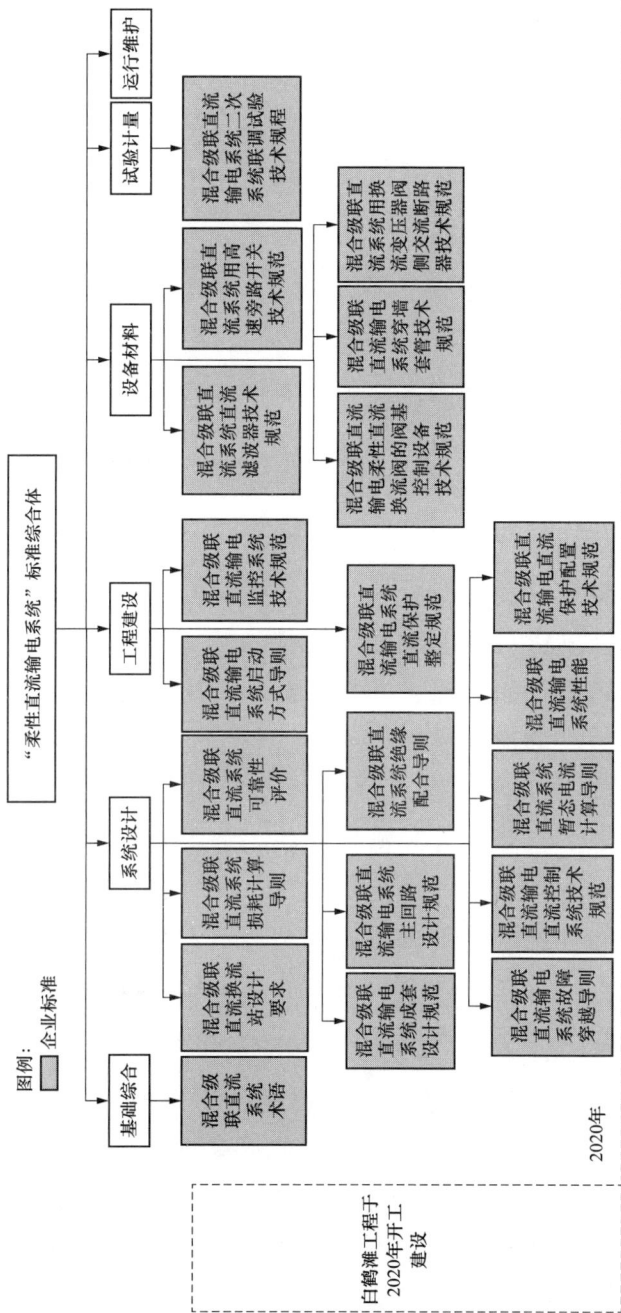

图 6-14 "柔性直流输电系统"标准综合体局部（2020 年标准提案）

2. 海上风电送出

随着远海风电并网技术的不断发展和风能资源的高效利用需求增加，海上风电远海化发展是必然趋势，远海风电将成为未来海上风电发展的主战场。与常规交流送出、低频交流送出技术相比，柔直送出技术采用直流电缆输电，避免了交流电缆充电功率造成的输送距离受限问题，同时具备有效隔离陆上交流电网与海上风电场的相互影响、可为海上风电场提供稳定的并网电压、系统运行方式调控灵活等技术优势，是远海风电可靠并网的首选技术方案，也是目前唯一具有工程实践经验的大规模远海风电并网方案。

为规范海上风电送出柔直产业发展，相关标准已经相继立项和发布，共涵盖 3 大类 10 项标准，"柔性直流输电系统"标准综合体局部（2015—2020 年标准提案、标准发布）分别如图 6-15 和图 6-16 所示。截至 2021 年 6 月，GB/T 37014《海上柔性直流换流站检修规范》已正式发布实施，国家标准《柔性直流输电海上平台检修规范》正在制定中。8 项国家电网有限公司企业标准于 2021 年

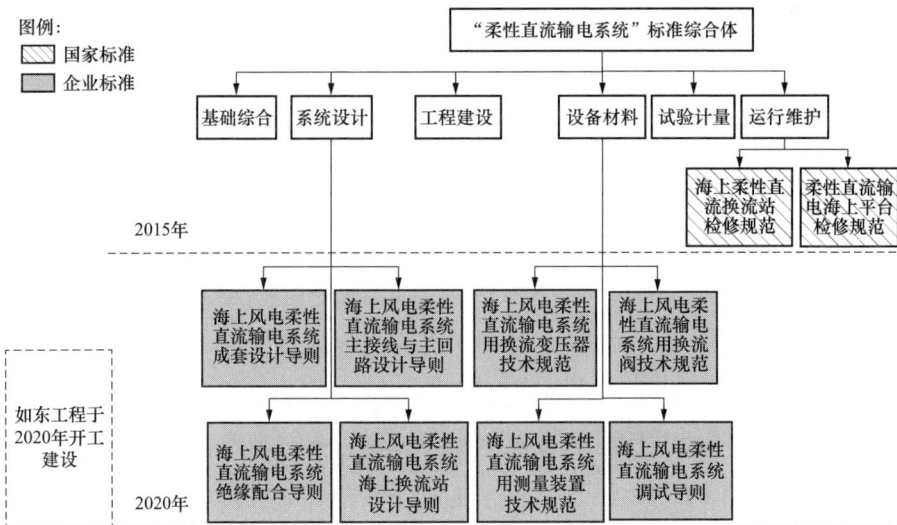

图 6-15 "柔性直流输电系统"标准综合体局部（2015—2020 年标准提案）

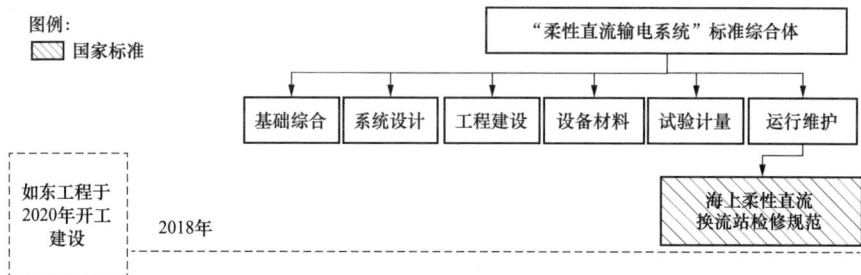

图 6-16　柔性直流输电系统标准综合体局部（2015—2020 年标准发布）

正式获批立项，包括《海上风电柔性直流输电系统成套设计导则》等 4 项系统设计类标准，《海上风电柔性直流输电系统用换流变压器技术规范》等 4 项设备材料类标准。在海上风电送出需求的牵引下，相关的技术研发与标准研制工作将持续互动发展下去，形成一批新的科研—标准—产业（工程）"三位一体"工作思路指导下的创新成果。

四、应用 PDCA 方法持续完善提升

在科研—标准"后期对接"环节中，柔直领域的科研项目后评估、标准实施后评估、科研与标准后评估互动等具体事项，都涉及 PDCA 方法的持续应用。比如在柔直产业初期的上海工程启动研究和建设时，海岛联网、高压大容量（百兆伏安级）以及百兆瓦级工程的前期研究——柔直产业的第一个拓展期"多端柔直"研究工作就已同步开展。上海工程投运当年，三端系统的南澳工程就已正式开工；南澳工程投运当年，五端系统的舟山工程也已开工建设。相匹配的科技项目相继立项也充分表明了技术研发和标准成果的迭代提升，推动产业（工程）发展持续完善提升。

在内循环 PDCA 环节，许多标准的优化完善是从科研和标准的后评估环节所发起的。后评估环节是更广义上的应用和实施环节，不能拘泥于显性化的后评估审查会或者评审会。科研项目验收后的成果是否真正得到应用、成果应用的具体成效、标准是否在实施中真正发挥作用等都是科研后评估、标准实施后评估的实质性内容。比如国内多项柔直工程的顺利投运，推动 Q/GDW 11733《柔性直流输电工程系统试验规程》和 Q/GDW 11734《柔性直流输电阀基控制系统动模测试技术导则》相继立项。随着柔直技术的更大规模应用，Q/GDW 11733《柔性直流输电工程系统试验规程》和 Q/GDW 11734《柔性直流输电阀基控制系统动模测试技术导则》相继启动修订，标准中相关技术条款得到持续优化。

在柔直产业发展方向上，功率半导体器件、信息通信、人工智能技术和标准方面的新变化、新进展也会反馈到科研、标准、产业（工程）的循环过程中，对柔直产业的发展起到加速和促进作用。某种程度上，这一过程也反映了"柔性直流输电系统"这个复杂的模块化系统对内外部环境的广泛适用性。通过"柔性直流输电系统"内各模块的创新和变化，来适应外部环境和外部需求的多样性。

作为一种先进的输电技术方式，柔直技术发展和工程应用在世界范围内具有广阔前景。按照科研—标准—产业（工程）"三位一体"工作思路，以标准化推动柔直技术进步和产业发展，将是一个长期的不断发展的过程。

第七章

总 结 与 展 望

第一节 创 新 特 色

2021年10月，《国家标准化发展纲要》发布实施，将"推动标准化与科技创新互动发展"放在突出位置。推动科技创新与标准化互动发展，已日益成为我国科技和标准化工作领域需要共同推动的一项创新工作，研究建立科技成果转化为技术标准模式方法是其中一项重要任务。本书提出的科研—标准—产业（工程）"三位一体"工作思路和科技成果转化为技术标准的"全流程对接"工作模式，具有明显的创新特色。

一、创新思路

本书所述"三位一体"工作思路，是统筹考虑技术导向、产业特点和市场需求，将科技成果转化为技术标准置身于科研、标准、产业（工程）三类紧密联系的元素中进行系统设计，实现三类元素的"一体化"协同推进。"三位一体"工作思路，区别于割裂科技研发和标准研制联动，仅关注科技成果和技术标准本身，过度追求转化从而导致形成一些不必要的、无实际需求的标准的错误倾向。

本书所述"全流程对接"工作模式，是在科研—标准—产业（工程）"三位一体"工作思路指引下，为了满足产业（工程）高质量发展（建设）需求，对科技研发和标准研制工作机制进行优化，实现两者整体协调的工作过程，包括应用综合标准化方法构建标准综合体、科研—标准"全流程对接"以及应用 PDCA 方法持续改进提升三个环节。

其中，应用综合标准化方法构建标准综合体，区别于以往多数科技成果向技术标准转化研究中，片面追求国际标准、国家标准等表面上"高等级"的技术标准，而忽视了技术标准体系构建的内在规律和科学性，从而削弱了技术标准对技术创新和产业发展的支撑能力。科研—标准"全流程对接"，区别于以往多数科技成果向技术标准转化研究中，是从已经完成科技研发、形成科技成果作为转化工作的起点，而未深入到科技成果的全生命周期，从而导致科技成果转化效率较低、标准质量不高、形成标准周期过长等问题。应用 PDCA 方法持续改进提升，区别于以往多数科技成果向技术标准转化研究中，是将科技成果和技术标准进行"静态化处理"，就科技成果论科技成果、就技术标准论技术标准，而未深入考察标准的实施，从而导致部分研究工作仅以形成技术标准提案数量、技术标准正式立项数量等指标作为目标，忽视了科技成果和技术标准全生命周期中的持续优化的"动态特性"。

二、电力行业典型案例

本书分别以统一潮流控制器和柔性直流输电为例，介绍了科技成果转化为技术标准"三位一体"工作思路和"全流程对接"工作模式的典型应用实践。

统一潮流控制器是目前国际上公认的最先进的电网潮流控制装置，可在保证电网安全的前提下深度挖掘电网供电潜能，提升供电能力。基于 UPFC 产业（工程）的标准化需求，采用综合标准化方法构建 UPFC 标准综合体，覆盖规划设计、关键设备、调试运维3 大分支；持续应用科研—标准"全流程对接"工作模式，攻克 UPFC 换流器技术、主电路拓扑、工程建设等若干项重点技术，实现技术攻关与标准研制实时联动；我国 UPFC 技术、标准和产业经过两次PDCA 循环，应用 PDCA 方法持续改进提升。自 2006—2020 年，完成构建我国 UPFC 标准综合体和 20 余项技术标准转化和实施，切实满足了我国 UPFC 产业（工程）发展（建设）的需求。

柔性直流输电是采用电压源换流器进行电能变换和传输的新型直流输电技术，应用场景十分广阔。基于柔性直流输电产业（工程）的标准化需求，采用综合标准化方法构建柔性直流输电标准综合体，包括基础综合、系统设计、工程建设、设备材料、试验计量和运行维护共 6 大类；持续应用科研—标准"全流程对接"工作模式，攻克柔直运行机理、系统设计、工程建设等若干项重点技术，实现技术攻关与标准研制全流程对接；我国柔性直流输电技术、标准和产业经历了五次 PDCA 循环，应用 PDCA 方法持续改进提升。自 2011—2020 年，完成构建我国柔性直流输电标准综合体和 100 余项技术标准转化和实施，高质量支撑我国柔性直流输电产业（工程）的建设发展，保持柔直技术的螺旋式上升，同时也为世界范围的柔直产业发展贡献了中国的标准化和科技综合力量。

本书采用案例分析的方法论证科研—标准—产业（工程）"三位一体"工作思路和科技成果转化为技术标准的"全流程对接"工作模式的可行性，区别于以往多数科技成果向技术标准转化研究。在以往多数科技成果向技术标准转化研究中，所关注的科技成果规模和体量都较小，而未研究构建科学的技术标准体系（标准综合体），缺少系统性；所关注的科技项目单一，侧重于论述寄托项目成果所能转化形成的具体标准，从而忽视了标准的整体协调性；所关注的转化过程专注于基于项目成果如何"编制"标准，而没有深入研究科技成果向技术标准转化的"动态特性"，从而导致科技成果转化效率较低、标准质量不高。

第二节　研　究　展　望

推动科技创新与标准化互动发展是一个长期的、复杂的系统性工程，建立科研与技术标准互动支撑、融合发展机制是一项事关长远的基础性工作。本书通过对国家电网有限公司组织开展的探索性研究和实践成果进行总结，探索建立了科技成果转化为技术标准的一种模式方法，以期为相关工作开展提供借鉴参考。由于科技成果向技术标准转化工作的复杂性、长期性，本书在研究和实践上仍存在一些不足和局限，有待进一步深化研究。主要表现在以下两个方面。

（1）需进一步加强"三位一体"工作思路和"全流程对接"工作模式应用研究。

运用本书所述"三位一体"工作思路和"全流程对接"工作模式，通过应用综合标准化方法构建标准综合体、应用科研—标准"全流程对接"实现转化、应用 PDCA 方法持续改进提升，可使得科研、标准、产业（工程）整体上处于科学、有序、高效的联动工作过程。但是对于时间尺度更长（比如 10 年以上），涉及更多基础理论研究的科技成果向技术标准转化问题，本书所述"三位一体"工作思路和"全流程对接"工作模式在普适性方面还需要进一步验证。同时，科技成果转化为技术标准的信息化支撑能力也需要同步提升。

（2）需进一步开展科技成果向技术标准转化的量化评价方法研究。

本书所述"三位一体"工作思路和"全流程对接"工作模式，将标准化理念向科技创新链条前端延伸，可有效提高科技成果向技术标准转化的效率，强化科技研发、标准研制与产业（工程）发展（建设）的联系，拉近三者间的距离，进而更快更好地发挥科技创新对经济社会发展的支撑作用。后续，需要在所建立的"三位一体"工作思路和"全流程对接"工作模式中，补充完善定量评估环节，建立评价指标体系，解决在不同的科研项目阶段达到什么样的技术水平能够形成什么类型的标准，以及以标准化成果为标志的科技成果转化率如何定量评价等问题，以期更好地服务于科技创新与标准化互动发展工作。

参 考 文 献

［1］中国标准化研究院．标准化若干重大理论问题研究［M］．北京：中国标准出版社，2007．

［2］李春田．现代标准化方法——综合标准化［M］．北京：中国质检出版社，中国标准出版社，2012．

［3］郭济环．标准与专利的融合、冲突与协调［D］．北京：中国政法大学博士学位论文，2011．

［4］中国标准化研究院．2012 国际标准化发展研究报告［M］．北京：中国质检出版社，中国标准出版社，2013．

［5］王金玉．论我国技术标准战略实施［J］．中国计量学院学报，2014（25）：5-16．

［6］田世宏．建国 70 年中国标准化改革发展成效［J］．机械工业标准化与质量，2019（11）：7-12．

［7］蒋明琳．技术创新成果、专利、标准的协同转化机理研究［M］．北京：经济管理出版社，2016．

［8］柳成洋，丁日佳．科技成果转化为技术标准理论及方法［M］．北京：中国标准出版社，2009．

［9］李春田．现代标准化前沿——模块化研究［M］．北京：中国标准出版社，2008．

［10］王忠敏．新中国标准化七十年［J］．中国标准化，2019（17）：16-19．

［11］许晔．新中国科技发展历程及成就［EB/OL］．（2021-12-14）［2021-12-20］．http://www.71.cn/2021/1214/1152771.shtml.